泛函分析初步教程

赵连阔　冯丽霞　编著

中国科学技术出版社

·北　京·

图书在版编目（CIP）数据

泛函分析初步教程/赵连阔，冯丽霞编著 . —北京：中国科学技术出版社，2019.4

ISBN 978 - 7 - 5046 - 8239 - 0

Ⅰ.①泛…　Ⅱ.①赵…　②冯…　Ⅲ.①泛函分析 - 高等学校 - 教材　Ⅳ.①O177

中国版本图书馆 CIP 数据核字（2019）第 046968 号

策划编辑	王晓义
责任编辑	王晓义　许思兰
责任校对	杨京华
封面设计	孙雪骊
责任印制	徐　飞

出　　版	中国科学技术出版社
发　　行	中国科学技术出版社发行部
地　　址	北京市海淀区中关村南大街 16 号
邮　　编	100081
发行电话	010 - 62173865
传　　真	010 - 62179148
网　　址	http://www.cspbooks.com.cn

开　　本	720mm × 1000mm　1/16
字　　数	150 千字
印　　张	9.25
印　　数	1—2000 册
版　　次	2019 年 4 月第 1 版
印　　次	2019 年 4 月第 1 次印刷
印　　刷	北京盛通印刷股份有限公司
书　　号	ISBN 978 - 7 - 5046 - 8239 - 0/O · 197
定　　价	48.00 元

内容简介

　　泛函分析是大学数学课程设置中一门重要的专业课。这门专业课高度的概括性与抽象性使其成为数学专业较难学习的课程之一。本书试图以漫谈的方式将泛函分析的初步基础内容娓娓道来，尽可能将这一抽象的课程通俗清楚地表达出来，方便读者对这门课程的深入了解。

　　本书共 4 章，按照"空间上的映射与空间的结构相适应"的思想对教学内容进行编排，使泛函分析中的"空间"与"算子"两大内容有机结合。这 4 章的内容分别是：度量空间与连续映射、线性空间与线性算子、赋范线性空间与有界线性算子和 Hilbert 空间与共轭算子。本书将泛函分析史的部分知识以补充阅读的形式纳入全书，以增加学习兴趣和提升数学素养。

　　本书可供数学专业在校生、高等数学爱好者阅读，也可供相关文理院校师生参考或选为教材。

前　　言

在泛函分析这门课程中，我们将学习到哪些内容呢？首先，从"什么是泛函分析"或"泛函分析是什么"说起。

"泛函分析"，顾名思义，就是对"泛函"进行分析。那么，什么是"泛函"呢？

"泛函"，可以说是一种"广泛的函数"，又或者说是对"函数"的一种推广。

在之前的其他课程中，我们学习过很多类函数。如数学分析中的"连续函数"，复变函数中的"解析函数"以及实变函数中的"可测函数"和"Lebesgue 可积函数"。我们熟悉的这些函数类中的一元函数，都是从一个数集到实数集或复数集的一种映射。"泛函"作为"函数"的推广，则是从一个空间到实数集或复数集的一种映射。自然地，我们也可以考虑从一个空间到另一个空间的映射，即"算子"。实际上，"泛函分析"更一般地是对"算子"进行分析，而"泛函"只是一类特殊的"算子"。

由此，我们粗略地知道了"泛函"或"算子"的定义域和值域，是从函数的定义域和值域——数集——上升到空间。

那么，什么是"空间"呢？

空间就是具有结构的集合。我们知道，集合利用朴素的语言来表达就是"具有某种性质的个体事物的全体"。从集合的定义，只知道其元素都具有某种性质，但并不清楚元素与元素之间是否具有某种关系。我们将元素与元素之间具有一定关系，从而形成结构的集合称为"空间"。举一个简单的例子，我们将一块一块的砖头放在一起构成的集合是一堆砖头，但如果将这一堆砖头每一块与每一块按照一定的结构搭起来，就形成了空间，可能变成漂亮的建筑。

数学中有很多重要的集合。如有界数列全体构成的集合；$[a, b]$ 上的连续函数全体构成的集合；同一可测集上的可测函数全体构成的集合等。我们将在本课程的学习中看到，这些集合中元素与元素之间有着非常自然的关系，从而这些集合在一定的结构下可构成空间。

在本课程中，我们主要学习两种结构的集合——度量空间和线性空间。它们分别是具有距离结构的集合和具有线性结构的集合。这两类空间实际上分别是点集拓扑和抽象代数课程的主要内容。与这两门课程不同之处在于，泛函分析课程重点学习一类既具有距离结构又具有线性结构的集合——赋范线性空间，以及一类特殊的赋范线性空间——内积空间。

我们将要学习的泛函或算子就是定义在度量空间、线性空间、赋范线性空间以及内积空间等空间上的相应映射。映射本质上就是集合之间的对应，而集合之间的对应可以有许多种，到底哪种映射是值得我们去研究的呢？这就涉及映射所定义在的空间的结构了。

既然我们的泛函或算子是定义在空间上的映射，因此与空间结构相适应或者说能反映空间结构的映射，应该是值得我们去研究的映射。否则，与其所定义在的空间的结构相脱离的映射，空间的结构自然成了多余之物，而这样的映射对于其所定义在的空间的结构自然也没有多大价值了。

那么，分别与空间的距离结构、线性结构相适应的映射是什么映射呢？

与空间的距离结构相适应的映射是连续映射；与空间的线性结构相适应的映射是线性映射。因此，我们将学习度量空间上的连续映射以及线性空间上的线性映射。赋范线性空间既具有距离结构又具有线性结构，所以与其结构相适应的映射自然是连续线性映射——连续线性泛函和连续线性算子（即有界线性算子）。这是本书的中心内容。

本书主要包括两大部分：空间理论和算子理论。为了更好地体现和突出"空间上的映射和空间结构相适应"这一基本思想，本书每一章按照"空间＋映射"的结构编排，并体现在每一章的标题上。同时，本书在每一章的最后加入泛函分析建立和形成过程中相关重要数学家的介绍，作为补充阅读材料，试图让读者对所学内容更感兴趣。该部分内容的编写也是基于对数学史教育的思考。如果仅仅依靠数学史课程有限的教学课时，很难对从古到今的数学史有大致的了解。翻看目前的数学史教材，在近现代数学史部分大都是按现代学科分支编写的。由此深思，是否可以将近现代的数学史内容按分支编写到各相关分支所对应的教学课程中呢？一方面可减轻单独数学史教学的重压，另一方面使相应抽象课程的教学和学习显得轻松一些。该部分也是一个尝试。

在本书编写过程中，笔者参考了大量已有泛函分析教材。在翻阅过程中，不禁对各位泛函分析前辈肃然起敬，钦佩之情油然而生，读之俨然感觉是在聆听精彩讲解，甚至仿佛感受到前辈们对后辈的殷殷期望，又不禁汗颜。但笔者还是硬着头皮，终使本书成型。也庆幸本书内容只是基于50课时的教学安排，相对浅显，还未涉及泛函分析的深层理论。因此，本书的目的在于激发读者的学习兴趣，希望读者通过本书的阅读，对泛函分析有一个初步的认识。若对该内容和学科产生浓厚的兴趣，则可进一步选择参考文献中的其他教材深入学习。

本书第一、第二章内容以及每章最后的补充阅读材料，由冯丽霞博士编写；第三、第四章内容，由赵连阔教授编写。本书的编写得到山西师范大学数学与计算机科学学院领导的鼓励和支持。本书的出版得到山西师范大学2014年度精品资源共享课程建设项目（SD2014JPZYK－06）和课程组建设项目（SD2014KCZ－06），山西师范大学现代文理学院和山西省教育厅2014年高等学校教学改革项目（J2014143），山西师范大学2017年优质课程项目（2017YZKC－13）的经费资助。由于编者水平有限，疏漏不足之处敬请读者批评指正。

目　　录

第一章　度量空间与连续映射

本章我们学习具有距离结构的集合——度量空间，以及与距离结构相适应的映射——连续映射. 实际上，这部分知识属于点集拓扑学的内容.

在数学分析课程的学习中，我们已经知道，极限是研究定义在实数集上的函数的一个重要工具. 在这一章，我们将把实数集上的一些基本概念推广到一般的集合中，从而对更多的集合进行合理深入的分析. 因此，首先要解决的问题是如何在一般的集合中定义极限. 为此，先回顾一下实数集 $\mathbf{R}$ 中极限的定义.

设 $\{x_n\}$ 为实数列，x 为定实数. 若对任给的正数 ε，总存在正整数 N，使得，当 $n > N$ 时，有 $|x_n - x| < \varepsilon$，则称数列 $\{x_n\}$ 收敛于 x，定数 x 称为数列 $\{x_n\}$ 的极限.

这就是说，当 n 充分大时，数列的通项 x_n 与定数 x 之差的绝对值可以任意小. 而两个实数之差的绝对值在实轴上表示所对应两点之间的距离. 由此可以看到，要在一般的集合中定义极限，就先要在一般的集合中有距离的概念. 由此，涉及对距离概念的推广问题.

关于实轴上两点之间的距离，我们已经有如下认识.

（1）实轴上任意两点之间的距离是非负的；若两点之间的距离为 0，则表明它们是同一个点. 即对任意 x，$y \in \mathbf{R}$，

$$|x - y| \geqslant 0; \quad |x - y| = 0 \text{ 当且仅当 } x = y.$$

（2）实轴上任意两点之间的距离与两点的先后顺序无关. 即对任意 x，$y \in \mathbf{R}$，

$$|x - y| = |y - x|.$$

（3）实轴上任意三点之间的距离满足三角不等式关系. 即对任意 x，y，$z \in \mathbf{R}$，

$$|x - y| \leqslant |x - z| + |z - y|.$$

在本章第一节, 将实轴上两点之间的距离满足的以上 3 条性质推广至一般集合中, 从而给出度量空间的定义, 并通过丰富的例子来说明, 一些熟悉的集合上都可以定义恰当的距离, 使其成为度量空间. 本章第二节, 从距离出发, 将极限、收敛点列、Cauchy 列等, 在数学分析中已学过的概念推广到度量空间中. 本章第三节, 介绍了邻域的概念, 并由此出发定义了几类重要的点 (内点, 聚点) 以及与这些点相关的点集 (开集, 闭集). 从本章第四节开始, 将学习度量空间上的连续映射, 这正是实数集上连续函数在度量空间上的抽象推广.

第一节　度量空间的定义及其例子

本节将实轴上两点之间的距离满足的 3 条基本性质推广至一般的集合中, 并给出度量空间的定义. 然后, 通过丰富的例子说明一些熟悉的集合上都可以定义恰当的距离, 使其成为度量空间.

一、度量空间的定义

定义 1.1.1 (度量空间)　设 X 为一非空集合. 如果对于 X 中的任意两个元素 x, y, 都有一个确定的实数, 记为 $d(x, y)$, 与它们对应且满足下面 3 个条件:

(1) (正定性) $d(x, y) \geq 0$, $d(x, y) = 0$ 当且仅当 $x = y$;

(2) (对称性) $d(x, y) = d(y, x)$;

(3) (三角不等式性) $d(x, y) \leq d(x, z) + d(z, y)$, 对任意 $z \in X$ 成立.

则称 d 是 X 上的一个距离, $d(x, y)$ 为 x 与 y 的距离, 称 X 是以 d 为距离的距离空间或度量空间, 记为 (X, d). 此时 X 中的元素又称为点. 在不引起混淆的情况下, 一般 (X, d) 简记为 X.

二、度量空间的例子

例 1.1.1　R.

R 表示全体实数集.

对任意 x, $y \in \mathbf{R}$, 定义

$$d(x, y) = |x - y|,$$

显然, 这样定义的 d 满足距离定义中的 3 个条件, 因此 **R** 在这样的距离定义下成为度量空间.

例 1.1.2 $\mathbf{R}^n$.

$$\mathbf{R}^n = \{x = (x_1, x_2, \cdots, x_n) \mid x_k \in \mathbf{R}, \ 1 \leqslant k \leqslant n\}.$$

对任意 $x = (x_1, x_2, \cdots, x_n)$, $y = (y_1, y_2, \cdots, y_n) \in \mathbf{R}^n$, 定义

$$d(x,y) = \Big(\sum_{k=1}^{n} |x_k - y_k|^2 \Big)^{\frac{1}{2}},$$

则 $\mathbf{R}^n$ 在这样的距离定义下成为度量空间, 称 $\mathbf{R}^n$ 为 n 维欧氏空间, 相应的距离称为欧氏距离或欧氏度量.

验证: (1) 正定性. 由定义显然有 $d(x, y) \geqslant 0$; 且 $d(x, y) = 0$ 当且仅当

$$\sum_{k=1}^{n} |x_k - y_k|^2 = 0,$$

当且仅当对任意 $k(1 \leqslant k \leqslant n)$, $|x_k - y_k| = 0$, 当且仅当对任意 $k(1 \leqslant k \leqslant n)$, $x_k = y_k$, 当且仅当 $x = y$.

(2) 对称性. 由 $|x_k - y_k| = |y_k - x_k|$ $(1 \leqslant k \leqslant n)$ 得 $d(x, y) = d(y, x)$.

(3) 三角不等式性. 任取 $z = (z_1, z_2, \cdots, z_n) \in \mathbf{R}^n$, 则

$$
\begin{aligned}
d(x,y)^2 &= \sum_{k=1}^{n} |x_k - y_k|^2 = \sum_{k=1}^{n} |x_k - z_k + z_k - y_k|^2 \\
&\leqslant \sum_{k=1}^{n} (|x_k - z_k| + |z_k - y_k|)^2 \\
&= \sum_{k=1}^{n} |x_k - z_k|^2 + 2\sum_{k=1}^{n} |x_k - z_k||z_k - y_k| + \\
&\quad \sum_{k=1}^{n} |z_k - y_k|^2.
\end{aligned}
$$

由 Cauchy 不等式 $\sum_{k=1}^{n} |a_k b_k| \leqslant \Big(\sum_{k=1}^{n} |a_k|^2 \Big)^{\frac{1}{2}} \Big(\sum_{k=1}^{n} |b_k|^2 \Big)^{\frac{1}{2}}$ (其中 a_k, $b_k \in \mathbf{R}, 1 \leqslant k \leqslant n$), 得

$$\sum_{k=1}^{n} |x_k - z_k||z_k - y_k| \leqslant \Big(\sum_{k=1}^{n} |x_k - z_k|^2 \Big)^{\frac{1}{2}} \Big(\sum_{k=1}^{n} |z_k - y_k|^2 \Big)^{\frac{1}{2}}.$$

因此

$$d(x,y)^2 \leqslant \sum_{k=1}^{n} |x_k - z_k|^2 + 2\left(\sum_{k=1}^{n} |x_k - z_k|^2\right)^{\frac{1}{2}} \times$$

$$\left(\sum_{k=1}^{n} |z_k - y_k|^2\right)^{\frac{1}{2}} + \sum_{k=1}^{n} |z_k - y_k|^2$$

$$= \left[\left(\sum_{k=1}^{n} |x_k - z_k|^2\right)^{\frac{1}{2}} + \left(\sum_{k=1}^{n} |z_k - y_k|^2\right)^{\frac{1}{2}}\right]^2$$

$$= [d(x, z) + d(z, y)]^2.$$

即有 $d(x, y) \leqslant d(x, z) + d(z, y)$. **证毕.**

例 1.1.3　$\mathbf{C}^n$.

$\mathbf{C}^n = \{z = (z_1, z_2, \cdots, z_n) \mid z_k \in \mathbf{C}, 1 \leqslant k \leqslant n\}$，其中 $\mathbf{C}$ 表示复数集.

对任意 $z = (z_1, z_2, \cdots, z_n)$，$w = (w_1, w_2, \cdots, w_n) \in \mathbf{C}^n$，定义

$$d(z, w) = \left(\sum_{k=1}^{n} |z_k - w_k|^2\right)^{\frac{1}{2}},$$

则 $\mathbf{C}^n$ 在这样的距离定义下成为度量空间，称 $\mathbf{C}^n$ 为 n 维复欧式空间. 这里定义的 d 满足距离的 3 个条件，其验证与例 1.1.2 的验证类似. 注意，Cauchy 不等式对于复数也是成立的.

注 1.1.1　本书中，我们用符号 F 表示 $\mathbf{R}$ 或 $\mathbf{C}$.

例 1.1.4　l^2.

$$l^2 = \left\{x = (\xi_1, \xi_2, \cdots, \xi_k, \cdots) \mid \xi_k \in F, 1 \leqslant k < \infty, \sum_{k=1}^{\infty} |\xi_k|^2 < \infty\right\}.$$

对任意 $x = (\xi_1, \xi_2, \cdots, \xi_k, \cdots)$，$y = (\eta_1, \eta_2, \cdots, \eta_k, \cdots) \in l^2$，定义

$$d(x, y) = \left(\sum_{k=1}^{\infty} |\xi_k - \eta_k|^2\right)^{\frac{1}{2}},$$

则 l^2 在这样的距离定义下成为度量空间.

在验证此处定义的 d 满足距离的 3 个条件之前，需先说明一下这里 d 的定义有意义. 即对任意 $x = (\xi_1, \xi_2, \cdots, \xi_k, \cdots)$，$y = (\eta_1, \eta_2, \cdots, \eta_k, \cdots) \in l^2$，$d(x, y) < \infty$. 因为对任意 k，$1 \leqslant k < \infty$，$|\xi_k - \eta_k|^2 \leqslant 2(|\xi_k|^2 + |\eta_k|^2)$，所以

$$\sum_{k=1}^{\infty} |\xi_k - \eta_k|^2 \leqslant 2 \sum_{k=1}^{\infty} (|\xi_k|^2 + |\eta_k|^2) < \infty.$$

验证： 正定性与对称性容易验证. 下面只给出三角不等式性的验证.

任取 $z = (\zeta_1, \zeta_2, \cdots, \zeta_k, \cdots) \in l^2$，则

$$d(x, y)^2 = \sum_{k=1}^{\infty} |\xi_k - \eta_k|^2 = \sum_{k=1}^{\infty} |\xi_k - \zeta_k + \zeta_k - \eta_k|^2$$

$$\leqslant \sum_{k=1}^{\infty} (|\xi_k - \zeta_k| + |\zeta_k - \eta_k|)^2$$

$$= \sum_{k=1}^{\infty} |\xi_k - \zeta_k|^2 + 2 \sum_{k=1}^{\infty} |\xi_k - \zeta_k| |\zeta_k - \eta_k| +$$

$$\sum_{k=1}^{\infty} |\zeta_k - \eta_k|^2.$$

由 Cauchy 不等式，对任意 n，$\sum_{k=1}^{n} |a_k b_k| \leqslant \left(\sum_{k=1}^{n} |a_k|^2 \right)^{\frac{1}{2}} \left(\sum_{k=1}^{n} |b_k|^2 \right)^{\frac{1}{2}}$
（其中 $a_k, b_k \in F, 1 \leqslant k < \infty$）. 令 $n \to \infty$，得

$$\sum_{k=1}^{\infty} |a_k b_k| \leqslant \left(\sum_{k=1}^{\infty} |a_k|^2 \right)^{\frac{1}{2}} \left(\sum_{k=1}^{\infty} |b_k|^2 \right)^{\frac{1}{2}}.$$

因此

$$\sum_{k=1}^{\infty} |\xi_k - \zeta_k| |\zeta_k - \eta_k| \leqslant \left(\sum_{k=1}^{\infty} |\xi_k - \zeta_k|^2 \right)^{\frac{1}{2}} \left(\sum_{k=1}^{\infty} |\zeta_k - \eta_k|^2 \right)^{\frac{1}{2}}.$$

所以

$$d(x, y)^2 \leqslant \sum_{k=1}^{\infty} |\xi_k - \zeta_k|^2 + 2 \left(\sum_{k=1}^{\infty} |\xi_k - \zeta_k|^2 \right)^{\frac{1}{2}} \cdot$$

$$\left(\sum_{k=1}^{\infty} |\zeta_k - \eta_k|^2 \right)^{\frac{1}{2}} + \sum_{k=1}^{\infty} |\zeta_k - \eta_k|^2$$

$$= \left[\left(\sum_{k=1}^{\infty} |\xi_k - \zeta_k|^2 \right)^{\frac{1}{2}} + \left(\sum_{k=1}^{\infty} |\zeta_k - \eta_k|^2 \right)^{\frac{1}{2}} \right]^2$$

$$= [d(x, z) + d(z, y)]^2.$$

即有 $d(x, y) \leqslant d(x, z) + d(z, y)$. **证毕.**

例 1.1.5 $C[a, b]$.

$C[a, b]$ 表示 $[a, b]$ 上的连续函数全体.

对任意 $x, y \in C[a, b]$，定义

$$d(x, y) = \max_{a \leqslant t \leqslant b} |x(t) - y(t)|,$$

则 $C[a, b]$ 在这样的距离定义下成为度量空间.（注：这里 d 的定义用到闭区间上连续函数存在最值的性质.）

验证：三角不等式性. 任取 $z \in C[a, b]$. 对任意 $t, a \leqslant t \leqslant b$，

$$|x(t) - y(t)| = |x(t) - z(t) + z(t) - y(t)|$$
$$\leqslant |x(t) - z(t)| + |z(t) - y(t)|$$
$$\leqslant d(x, z) + d(z, y),$$

因此 $d(x, y) = \max\limits_{a \leqslant t \leqslant b} |x(t) - y(t)| \leqslant d(x, z) + d(z, y)$. **证毕.**

例 1.1.6 $C^n[a, b]$.

$C^n[a, b]$ 表示 $[a, b]$ 上 n 阶连续可微函数全体.

对任意 $x, y \in C^n[a, b]$, 定义

$$d(x, y) = \max_{0 \leqslant k \leqslant n} \max_{a \leqslant t \leqslant b} |x^{(k)}(t) - y^{(k)}(t)|,$$

容易验证（与例 1.1.5 类似）, 这样定义的 d 满足距离的 3 个条件. 因此 $C^n[a, b]$ 在这样的距离定义下成为度量空间.

例 1.1.7 l^∞.

$l^\infty = \{x = (\xi_1, \xi_2, \cdots, \xi_k, \cdots) \mid \xi_k \in F, 1 \leqslant k < \infty, \sup\limits_k |\xi_k| < \infty\}$.

对任意 $x = (\xi_1, \xi_2, \cdots, \xi_k, \cdots)$, $y = (\eta_1, \eta_2, \cdots, \eta_k, \cdots) \in l^\infty$, 定义

$$d(x, y) = \sup_k |\xi_k - \eta_k|.$$

容易验证（与例 1.1.5 类似）, 这样定义的 d 满足距离的 3 个条件. 因此 d 是 l^∞ 上的距离, l^∞ 在这样的距离定义下成为度量空间.

注 1.1.2 任意非空集合上都可以定义距离使其成为度量空间. 设 X 是任意非空集合. 对任意 $x, y \in X$, 定义 $d(x, y) = \begin{cases} 0, & x = y \\ 1, & x \neq y \end{cases}$, 则可以验证这样定义的 d 满足距离的 3 个条件, 因此 (X, d) 是度量空间, 称为离散度量空间.

注 1.1.3 同一集合上可以定义不同的距离. 在例 1.1.2 中, $\mathbf{R}^n$ 上定义了距离

$$d(x, y) = \Big(\sum_{k=1}^n |x_k - y_k|^2\Big)^{\frac{1}{2}},$$

其中, $x = (x_1, x_2, \cdots, x_n)$, $y = (y_1, y_2, \cdots, y_n) \in \mathbf{R}^n$.

可以验证, 在 $\mathbf{R}^n$ 上定义的 $d_1(x, y) = \sum\limits_{k=1}^n |x_k - y_k|$ 和 $d_2(x, y) = \max\limits_{1 \leqslant k \leqslant n} |x_k - y_k|$, 也分别是 $\mathbf{R}^n$ 上的距离.

注 1.1.2, 注 1.1.3 表明了距离定义的普遍性和不唯一性. 尽管如此, 但一般来说, 应当根据具体集合的特点（集合中元素的共性）适当地引入距离, 才能更好地对该集合进行研究. 例如, 对于 l^2 和 $C[a, b]$, 一般选

取例 1.1.4 和例 1.1.5 中的距离. 今后如无特别说明, 提到以上度量空间时, 所指度量即为本节所定义的.

习　题

1. 设 (X, d) 是度量空间. 证明: 对任意 $x, y, u, v \in X$,
$$|d(x, y) - d(u, v)| \leqslant d(x, u) + d(y, v).$$

2. 令 s 为数域 F 上所有数列构成的集合. 对任意 $x = (\xi_1, \xi_2, \cdots, \xi_k, \cdots)$, $y = (\eta_1, \eta_2, \cdots, \eta_k, \cdots) \in s$, 定义
$$d(x, y) = \sum_{k=1}^{\infty} \frac{1}{2^k} \frac{|\xi_k - \eta_k|}{1 + |\xi_k - \eta_k|}.$$
证明: d 是 s 上的距离. (提示: 三角不等式性的验证, 应用函数 $f(t) = \frac{t}{1+t}$ 在 $[0, +\infty)$ 的单调递增性)

3. 设 $C^{\infty}[a, b]$ 表示闭区间 $[a, b]$ 上无穷次可微函数构成的集合. 对任意 $x, y \in C^{\infty}[a, b]$, 定义
$$d(x, y) = \sum_{k=1}^{\infty} \frac{1}{2^k} \frac{\max\limits_{a \leqslant t \leqslant b} |x^{(k)}(t) - y^{(k)}(t)|}{1 + \max\limits_{a \leqslant t \leqslant b} |x^{(k)}(t) - y^{(k)}(t)|}.$$
证明: $C^{\infty}[a, b]$ 按 d 成为度量空间.

第二节　度量空间中的收敛点列, Cauchy 列与完备度量空间

有了距离, 就可以将实数集中的收敛概念引入一般的度量空间中, 并得到相应的性质. 实数完备性定理中的 Cauchy 收敛准则告诉我们, 在实数集中, 收敛数列与 Cauchy 数列是等价的. 但这一性质在一般的度量空间中并不成立, 由此引入完备度量空间的定义.

一、收敛点列, 极限

定义 1.2.1 (收敛点列, 极限)　设 $\{x_n\}_{n=1}^{\infty}$ (以下 $\{x_n\}_{n=1}^{\infty}$ 简记为 "$\{x_n\}$") 是度量空间 (X, d) 中的点列. 如果存在 $x \in X$, 使得对任意 $\varepsilon > 0$, 存在正整数 N, 当 $n > N$ 时, 有 $d(x_n, x) < \varepsilon$, 则称点列 $\{x_n\}$ 是 (X, d)

中的收敛点列，x 是点列 $\{x_n\}$ 的极限. 记为：$\lim\limits_{n\to\infty}x_n = x$ 或 $x_n\to x$（$n\to\infty$）.

实际上，$\lim\limits_{n\to\infty}x_n = x$ 当且仅当 $\lim\limits_{n\to\infty}d(x_n,\ x) = 0$.

与收敛数列一样，容易验证，度量空间中的收敛点列具有以下性质.

命题 1.2.1 度量空间中收敛点列的极限是唯一的.

命题 1.2.2 设 $\{x_n\}$ 是度量空间（$X,\ d$）中的收敛点列，$x\in X$. 则 $\{x_n\}$ 收敛于 x 当且仅当 $\{x_n\}$ 的任一子列都收敛于 x.

二、具体度量空间中点列收敛的具体含义

例 1.2.1 F^n 中点列收敛的具体含义.

$\{x_m = (\xi_1^m,\ \xi_2^m,\ \cdots,\ \xi_n^m)\}_{m=1}^{\infty}$ 为 F^n 中的点列，$x = (\xi_1,\ \xi_2,\ \cdots,\ \xi_n)\in F^n$. $\{x_m\}$ 按欧氏距离收敛于 x 当且仅当对每个 k，$1\leqslant k\leqslant n$，有 $\lim\limits_{m\to\infty}\xi_k^m = \xi_k$. 即 $\{x_m\}$ 的坐标分别收敛于 x 的对应坐标.

证明："$\Rightarrow$". 设 $\{x_m\}$ 按欧氏距离收敛于 x，即 $\lim\limits_{m\to\infty}d(x_m,\ x) = 0$. 因为

$$d(x_m,x) = \Big(\sum_{k=1}^{n}|\xi_k^m - \xi|^2\Big)^{\frac{1}{2}},$$

所以，对每个 k，$1\leqslant k\leqslant n$，$|\xi_k^m - \xi|\leqslant d(x_m,\ x)$. 因此，$\lim\limits_{m\to\infty}|\xi_k^m - \xi_k| = 0$. 即对每个 k，$1\leqslant k\leqslant n$，有 $\lim\limits_{m\to\infty}\xi_k^m = \xi_k$.

"$\Leftarrow$". 若对每个 k，$1\leqslant k\leqslant n$，有 $\lim\limits_{m\to\infty}\xi_k^m = \xi_k$，则

$$\lim_{m\to\infty}d(x_m,\ x) = \lim_{m\to\infty}\Big(\sum_{k=1}^{n}|\xi_k^m - \xi|^2\Big)^{\frac{1}{2}}$$
$$= \Big(\sum_{k=1}^{n}\lim_{m\to\infty}|\xi_k^m - \xi|^2\Big)^{\frac{1}{2}} = 0.$$

证毕.

通过下图可以形象地说明 F^n 中点列收敛的具体含义.

$$x_1 = (\xi_1^1,\ \xi_2^1,\ \cdots,\ \xi_n^1)$$
$$x_2 = (\xi_1^2,\ \xi_2^2,\ \cdots,\ \xi_n^2)$$
$$\vdots \quad\quad \vdots \quad \vdots \quad \vdots \quad \vdots$$
$$x_m = (\xi_1^m,\ \xi_2^m,\ \cdots,\ \xi_n^m)$$
$$\vdots \quad\quad \vdots \quad \vdots \quad \vdots \quad \vdots$$
$$d\downarrow \Leftrightarrow \quad \downarrow \quad \downarrow \quad \downarrow \quad \downarrow$$
$$x = (\ \xi_1,\ \xi_2,\ \cdots,\ \xi_n)$$

例 1.2.2 $C[a, b]$ 中点列收敛的具体含义.

$\{x_n\}$ 是 $C[a, b]$ 中的点列, $x \in C[a, b]$. $\{x_n\}$ 按 $C[a, b]$ 中距离收敛于 x 的充要条件是函数列 $\{x_n(t)\}$ 在 $[a, b]$ 上一致收敛于 $x(t)$.

证明: $\{x_n\}$ 按 $C[a, b]$ 中距离收敛于 x 当且仅当 $\lim_{n\to\infty} d(x_n, x) = 0$. 因为

$$d(x_n, x) = \max_{a \le t \le b} |x_n(t) - x(t)|,$$

所以 $\lim_{n\to\infty} d(x_n, x) = 0$ 当且仅当 $\lim_{n\to\infty} \max_{a\le t\le b} |x_n(t) - x(t)| = 0$. 由数学分析知识可知, $\lim_{n\to\infty} \max_{a\le t\le b} |x_n(t) - x(t)| = 0$ 当且仅当 $\{x_n(t)\}$ 在 $[a, b]$ 上一致收敛于 $x(t)$. **证毕.**

注 1.2.1 同一集合上定义了两个或两个以上的距离, 那么由它们导出的收敛可能一致也可能不一致. 例如, 设 X 表示 $[a, b]$ 上连续函数全体. 对任意 $x, y \in X$, 定义

$$d_1(x, y) = \int_a^b |x(t) - y(t)| \mathrm{d}t.$$

不难验证, 这样定义的 d_1 是 X 上的距离. 从集合的角度来说, X 和 $C[a, b]$ 一样. 令

$$x_n(t) = \frac{(t-a)^n}{(b-a)^n}, \quad t \in [a, b], \ n = 1, 2, \cdots$$

则 $\{x_n\}$ 是 $[a, b]$ 上的连续函数列, 即 $\{x_n\} \subset C[a, b]$. 因为 $|x_n(t)| \le 1$ 且

$$\lim_{n\to\infty} x_n(t) = \begin{cases} 0, & a \le t < b \\ 1, & t = b \end{cases}.$$

由勒贝格控制收敛定理, $\{x_n\}$ 在 (X, d_1) 中收敛于 0, 但 $\{x_n\}$ 不是 $C[a, b]$ 中的收敛点列, 因为 $C[a, b]$ 上连续函数列一致收敛的极限函数还是连续的. 但对于 $\mathbf{R}^n$ 来说, 可以验证, 由 d, d_1 和 d_2 (见注 1.1.3) 导出的收敛都一致.

三、Cauchy 点列, 完备度量空间

定义 1.2.2 (Cauchy 点列) 设 $\{x_n\}$ 是度量空间 (X, d) 中的点列. 如果对任意 $\varepsilon > 0$, 存在正整数 N, 当 $n, m > N$ 时, 有 $d(x_n, x_m) < \varepsilon$, 则称 $\{x_n\}$ 是 (X, d) 中的基本点列或 Cauchy 点列.

命题 1.2.3 设 $\{x_n\}$ 是度量空间 X 中的 Cauchy 点列. 若存在收敛子列

$\{x_{n_k}\}$，则$\{x_n\}$也收敛.

证明： 因为$\{x_n\}$是 Cauchy 点列，所以对任意$\varepsilon>0$，存在正整数N，当n，$m>N$时，有

$$d(x_n, x_m) < \varepsilon.$$

因为$\{x_{n_k}\}$在X中收敛，设$\lim\limits_{k\to\infty}x_{n_k}=x\in X$，则对上面的$\varepsilon>0$，存在正整数$K$（可选取$K>N$），使得当$k>K$时，有

$$d(x_{n_k}, x) < \varepsilon.$$

因此，当$n>N$时，

$$d(x_n, x) \leqslant d(x_n, x_{n_k}) + d(x_{n_k}, x) \overset{k>K}{<} 2\varepsilon.$$

所以$\lim\limits_{n\to\infty}x_n=x$. **证毕**.

注 1.2.2 实数集的 Cauchy 收敛准则是实数完备性定理之一. 该定理表明，在实数集中，收敛数列等价于 Cauchy 数列. 在一般度量空间中，容易验证收敛点列一定是 Cauchy 点列，但 Cauchy 点列不一定是收敛点列（见例 1.2.6，例 1.2.7）. 因此，Cauchy 点列都是收敛点列的度量空间就显得尤为重要.

定义 1.2.3（完备度量空间） 度量空间X中的任一 Cauchy 点列都在X中收敛，则称X为完备度量空间.

注 1.2.3 完备度量空间中 Cauchy 点列与收敛点列等价.

四、完备度量空间的例子

例 1.2.3 F^n.

验证： 任取F^n中的 Cauchy 点列$\{x_m = (\xi_1^m, \xi_2^m, \cdots, \xi_n^m)\}$，则对任意$\varepsilon>0$，存在正整数$N$，当$m$，$p>N$时，有

$$\Big(\sum_{k=1}^n |\xi_k^m - \xi_k^p|^2\Big)^{\frac{1}{2}} = d(x_m,x_p) < \varepsilon.$$

因为对任意$k,1\leqslant k\leqslant n$，有$|\xi_k^m - \xi_k^p| \leqslant \big(\sum_{k=1}^n |\xi_k^m - \xi_k^p|^2\big)^{\frac{1}{2}}$，所以当$m$，$p>N$，对任意$k$，$1\leqslant k\leqslant n$，有$|\xi_k^m - \xi_k^p| < \varepsilon$. 这表明，对任意$k$，$1\leqslant k\leqslant n$，$\{\xi_k^m\}_{m=1}^\infty$是$F$中的 Cauchy 数列. 由$F$中的 Cauchy 收敛准则，$\lim\limits_{m\to\infty}\xi_k^m$存在. 设

$$\lim_{m\to\infty}\xi_k^m = \xi_k \in F, 1 \leqslant k \leqslant n.$$

令 $x = (\xi_1, \xi_2, \cdots, \xi_n)$，则 $x \in F^n$ 且 $\{x_m\}$ 依坐标收敛于 x. 由 F^n 中点列收敛的具体含义（例 1.2.1）知，$\{x_m\}$ 收敛于 x，即 $\lim_{m\to\infty} x_m = x$. 因此 F^n 中任一 Cauchy 点列都在 F^n 中收敛，故 F^n 是完备度量空间. **证毕**.

例 1.2.4　l^∞.

验证：任取 l^∞ 中的 Cauchy 列 $\{x_n = (\xi_1^n, \xi_2^n, \cdots, \xi_k^n, \cdots)\}$，则对任意 $\varepsilon > 0$，存在正整数 N，当 $n, m > N$ 时，有

$$\sup_k |\xi_k^n - \xi_k^m| = d(x_n, x_m) < \varepsilon.$$

因为对任意 k，$1 \leqslant k < \infty$，有 $|\xi_k^n - \xi_k^m| \leqslant \sup_k |\xi_k^n - \xi_k^m|$，所以当 $n, m > N$ 时，对任意 k，$1 \leqslant k < \infty$，有

$$|\xi_k^n - \xi_k^m| < \varepsilon. \tag{1-1}$$

这表明，对任意 k，$1 \leqslant k < \infty$，$\{\xi_k^n\}_{n=1}^\infty$ 是 F 中的 Cauchy 数列. 由 F 中的 Cauchy 收敛准则，$\lim_{n\to\infty}\xi_k^n$ 存在. 设

$$\lim_{n\to\infty}\xi_k^n = \xi_k \in F, \quad 1 \leqslant k < \infty.$$

令 $x = (\xi_1, \xi_2, \cdots, \xi_k, \cdots)$. 在式（1-1）中令 $m\to\infty$，则当 $n > N$ 时，对任意 k，$1 \leqslant k < \infty$，有

$$|\xi_k^n - \xi_k| \leqslant \varepsilon. \tag{1-2}$$

式（1-2）一方面表明，对任意 k，$1 \leqslant k < \infty$，

$$|\xi_k| \leqslant |\xi_k^n| + |\xi_k^n - \xi_k| \overset{n>N}{\leqslant} \sup_k |\xi_k^n| + \varepsilon,$$

即 $\sup_k |\xi_k| \leqslant \sup_k |\xi_k^n| + \varepsilon$（$n > N$），从而 $x \in l^\infty$；另一方面表明，当 $n > N$ 时，

$$d(x_n, x) = \sup_k |\xi_k^n - \xi_k| \leqslant \varepsilon,$$

即 $\lim_{n\to\infty} x_n = x$. 因此 l^∞ 中任一 Cauchy 点列都在 l^∞ 中收敛，故 l^∞ 是完备度量空间. **证毕**.

例 1.2.5　$C[a, b]$.

验证：任取 $C[a, b]$ 中的 Cauchy 点列 $\{x_n\}$，则对任意 $\varepsilon > 0$，存在正整数 N，当 $n, m > N$ 时，有

$$\max_{a \leqslant t \leqslant b} |x_n(t) - x_m(t)| = d(x_n, x_m) < \varepsilon.$$

因此，当 $n, m > N$ 时，对任意 $t \in [a, b]$，有

$$|x_n(t) - x_m(t)| < \varepsilon. \qquad (1-3)$$

这表明,对任意 $t \in [a, b]$,$\{x_n(t)\}$ 是 Cauchy 数列. 由 F 中的 Cauchy 收敛准则,$\lim\limits_{n\to\infty} x_n(t)$ 存在. 记 $x(t) = \lim\limits_{n\to\infty} x_n(t)$. 在式(1-3)中,令 $m\to\infty$,则当 $n > N$ 时,对任意 $t \in [a, b]$,有

$$|x_n(t) - x(t)| \leqslant \varepsilon.$$

这表明,$\{x_n(t)\}$ 在 $[a, b]$ 上一致收敛于 $x(t)$. 由数学分析知识可知,$x \in C[a, b]$. 再由 $C[a, b]$ 中点列收敛的具体含义(例 1.2.2)知,$\lim\limits_{n\to\infty} x_n = x$. 因此,$C[a, b]$ 中任一 Cauchy 点列都在 $C[a, b]$ 中收敛,故 $C[a, b]$ 是完备度量空间. **证毕.**

五、不完备度量空间的例子

例 1.2.6 $P[a, b]$.

$P[a, b]$ 表示 $[a, b]$ 上多项式函数全体.

对任意 $p, q \in P[a, b]$,定义

$$d(p, q) = \max_{a \leqslant t \leqslant b} |p(t) - q(t)|.$$

容易验证,这样定义的 d 是 $P[a, b]$ 中的距离(实际上,这里的 $P[a, b]$ 也可以看作是 $C[a, b]$ 的子空间),但 $P[a, b]$ 在此距离下不完备.

验证: 令 $p_n(t) = \sum\limits_{k=0}^{n} \dfrac{t^k}{k!}$,$t \in [a, b]$. 容易验证,$\{p_n\}$ 是 $P[a, b]$ 中的 Cauchy 列,但 $\{p_n\}$ 在 $P[a, b]$ 中不收敛. 这是因为若 $\{p_n\}$ 在 $P[a, b]$ 中收敛于 p,则对任意 $t \in [a, b]$,$\lim\limits_{n\to\infty} p_n(t) = p(t)$. 由数学分析知识知,$\lim\limits_{n\to\infty} p_n(t) = e^t$. 故有 $p(t) = e^t$,这与 $p \in P[a, b]$ 矛盾. **证毕.**

例 1.2.7 (X, d_1)(注 1.2.1 中的反例).

验证: 不妨令 $a = 0$,$b = 1$. 如图 1-1 所示,定义函数 x_n. 显然 $x_n \in X$. 下证 $\{x_n\}$ 是 (X, d_1) 中的 Cauchy 点列.

设 $m > n$. 因为

$$d(x_n, x_m) = \int_0^1 |x_n(t) - x_m(t)| \mathrm{d}t$$

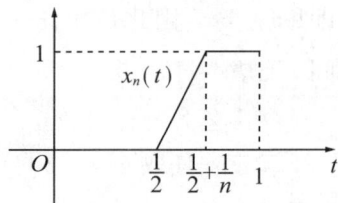

图 1-1

$$= \int_0^{\frac{1}{2}} |x_n(t) - x_m(t)| \, \mathrm{d}t +$$

$$\int_{\frac{1}{2}}^{\frac{1}{2}+\frac{1}{n}} |x_n(t) - x_m(t)| \, \mathrm{d}t + \int_{\frac{1}{2}+\frac{1}{n}}^{1} |x_n(t) - x_m(t)| \, \mathrm{d}t$$

$$= \int_{\frac{1}{2}}^{\frac{1}{2}+\frac{1}{n}} |x_n(t) - x_m(t)| \, \mathrm{d}t \leqslant \int_{\frac{1}{2}}^{\frac{1}{2}+\frac{1}{n}} \mathrm{d}t = \frac{1}{n},$$

所以 $\{x_n\}$ 是 (X, d_1) 中的 Cauchy 点列.

若 $\{x_n\}$ 在 (X, d_1) 中收敛, 则存在 $x \in X$, 使得 $\lim_{n \to \infty} d(x_n, x) = 0$. 因为

$$d(x_n, x) = \int_0^1 |x_n(t) - x(t)| \, \mathrm{d}t$$

$$= \int_0^{\frac{1}{2}} |x_n(t) - x(t)| \, \mathrm{d}t + \int_{\frac{1}{2}}^{\frac{1}{2}+\frac{1}{n}} |x_n(t) - x(t)| \, \mathrm{d}t +$$

$$\int_{\frac{1}{2}+\frac{1}{n}}^{1} |x_n(t) - x(t)| \, \mathrm{d}t$$

$$= \int_0^{\frac{1}{2}} |x(t)| \, \mathrm{d}t + \int_{\frac{1}{2}}^{\frac{1}{2}+\frac{1}{n}} |x_n(t) - x(t)| \, \mathrm{d}t +$$

$$\int_{\frac{1}{2}+\frac{1}{n}}^{1} |1 - x(t)| \, \mathrm{d}t,$$

所以

$$\int_0^{\frac{1}{2}} |x(t)| \, \mathrm{d}t \leqslant d(x_n, x), \int_{\frac{1}{2}+\frac{1}{n}}^{1} |1 - x(t)| \, \mathrm{d}t \leqslant d(x_n, x).$$

因此

$$\lim_{n \to \infty} \int_0^{\frac{1}{2}} |x(t)| \, \mathrm{d}t = 0, \lim_{n \to \infty} \int_{\frac{1}{2}+\frac{1}{n}}^{1} |1 - x(t)| \, \mathrm{d}t = 0.$$

即

$$\int_0^{\frac{1}{2}} |x(t)| \, \mathrm{d}t = 0, \int_{\frac{1}{2}}^{1} |1 - x(t)| \, \mathrm{d}t = 0.$$

因为 x 是 $[0, 1]$ 上的连续函数, 故由上两式得

$$x(t) = 0, \ t \in \left[0, \frac{1}{2}\right); \ x(t) = 1, \ t \in \left(\frac{1}{2}, 1\right].$$

因此, $x(t)$ 在 $t = \frac{1}{2}$ 处不连续, 矛盾.

这表明, 在 (X, d_1) 中存在 Cauchy 列, 但其在 (X, d_1) 中不收敛,

故（X，d_1）不是完备度量空间. **证毕.**

注 1.2.4 例 1.2.5 和例 1.2.7 表明，在同一集合上定义不同的距离，得到的度量空间其完备性不一定一致.

习 题

1. 设 $\{x_n\}$，$\{y_n\}$ 是度量空间 （X，d） 中的点列，且 $\lim\limits_{n\to\infty} x_n = x \in X$，$\lim\limits_{n\to\infty} y_n = y \in X$. 证明：$\lim\limits_{n\to\infty} d(x_n, y_n) = d(x, y)$.

2. 证明：本章第一节习题 2 中的序列空间 s 是完备的.

3. 对任意 x，$y \in \mathbf{R}$，定义 $d_3(x, y) = |e^x - e^y|$. 验证：d_3 是 $\mathbf{R}$ 上的距离，但（$\mathbf{R}$，d_3）是不完备的.

4. 证明：离散度量空间是完备的.

第三节　度量空间中的邻域及点集

在度量空间中，很多概念既可以利用收敛点列来表达，也可以通过另一重要概念——邻域来表达. 本节将实数集中的邻域概念推广到度量空间中，由此引出度量空间中的几类重要点及点集，并通过收敛点列给出这些重要点或点集的刻画，方便在进一步学习中的应用.

一、邻域，内点，聚点，开集，闭集

设（X，d）为度量空间，$x_0 \in X$，E 是 X 的任一子集.

定义 1.3.1（邻域） 设 $\delta > 0$. 点集
$$U(x_0, \delta) = \{x \in X \mid d(x, x_0) < \delta\}$$
称为 x_0 的以 δ 为半径的开球，也称为 x_0 的 δ - 邻域. 点集
$$U^o(x_0, \delta) = \{x \in X \mid 0 < d(x, x_0) < \delta\}$$
称为 x_0 的空心 δ - 邻域.

注 1.3.1（邻域表达点列收敛的概念） 设 $\{x_n\}$ 是度量空间（X，d）中的点列，$x \in X$. 若对任意 $\varepsilon > 0$，存在正整数 N，当 $n > N$ 时，有 $x_n \in U(x, \varepsilon)$，则点列 $\{x_n\}$ 收敛于点 x.

定义 1.3.2（内点，内部）　若存在 $\delta > 0$，使得 $U(x_0, \delta) \subset E$，则称 x_0 为 E 的内点. E 的所有内点构成的集合称为 E 的内部，记为 $\mathring{E}$.

定义 1.3.3（聚点，导集，闭包）　若对任意 $\delta > 0$，都有 $U^o(x_0, \delta) \cap E \neq \varnothing$，则称 x_0 为 E 的聚点. E 的所有聚点构成的集合称为 E 的导集，记为 E'. $E \cup E'$ 称为 E 的闭包，记为 $\overline{E}$.

注 1.3.2　类似开球的定义，可以定义 x_0 的以 δ 为半径的闭球

$$S(x_0, \delta) = \{x \in X \mid d(x, x_0) \leqslant \delta\}.$$

但与我们的直观认识相反，不一定总是有 $\overline{U(x_0, \delta)} = S(x_0, \delta)$. 例如，设 X 是离散度量空间，且 X 中至少有两个不同的点. 任取 $x_0 \in X$，令 $\delta = 1$，则 $\overline{U(x_0, 1)} = U(x_0, 1) = \{x_0\}$，但 $S(x_0, 1) = X$.

定义 1.3.4（开集，闭集）　若 E 中的每一点都是其内点，则称 E 为开集. 即对任意 $x \in E$，有 $x \in \mathring{E}$，或 $E \subset \mathring{E}$.

若 E 的每一聚点都在 E 中，则称 E 为闭集. 即对任意 $x \in E'$，有 $x \in E$，或 $E' \subset E$.

关于开集和闭集，有下面的判别条件和关系.

定理 1.3.1　设 (X, d) 为度量空间，E 是 X 的任一子集.

（1）E 为开集当且仅当 $E = \mathring{E}$.

（2）E 为闭集当且仅当 $E = \overline{E}$.

（3）E 为闭集当且仅当 E^c 是开集，这里 E^c 表示 E 在 X 中的余集.

证明：（3）"$\Rightarrow$". 设 E 为闭集. 若 $E^c = \varnothing$，显然成立. 下设 $E^c \neq \varnothing$.

任取 $x \in E^c$，即 $x \notin E$. 因为 E 是闭集，所以 x 不是 E 的聚点. 由聚点的定义，存在 $\delta > 0$，使得 $U^o(x, \delta) \cap E = \varnothing$. 又因为 $x \notin E$，故有 $U(x, \delta) \cap E = \varnothing$，即 $U(x, \delta) \subset E^c$. 因此 x 是 E^c 的内点. 故 E^c 是开集.

"$\Leftarrow$". 设 E^c 是开集. 任取 $x \in E'$. 若 $x \notin E$，即 $x \in E^c$. 由 E^c 是开集得，存在 $\delta > 0$，使得 $U(x, \delta) \subset E^c$，即 $U(x, \delta) \cap E = \varnothing$，这与 $x \in E'$ 矛盾. 因此 $x \in E$，从而 E 是闭集. **证毕.**

二、利用收敛点列对聚点，闭集，闭包的刻画

定理 1.3.2　设 (X, d) 是度量空间，$E \subset X$，$x \in X$.

（1）$x \in E'$ 当且仅当存在 E 中互异点列 $\{x_n\}$ 使得 $\lim_{n \to \infty} x_n = x$.

(2) $x \in \overline{E}$ 当且仅当存在 E 中点列 $\{x_n\}$ 使得 $\lim\limits_{n \to \infty} x_n = x$.

(3) E 是闭集当且仅当 E 中任一点列，若其在 X 中收敛，则其极限也在 E 中.

证明：（1）"$\Rightarrow$". 设 $x \in E'$，则对任意 $\delta > 0$，有 $U^o(x_0, \delta) \cap E \neq \varnothing$. 取 $\delta_1 = 1$，则存在 $x_1 \in U^o(x_0, \delta_1) \cap E$；取 $\delta_2 = \min\left\{\dfrac{1}{2}, d(x_1, x_0)\right\}$，则存在 $x_2 \in U^o(x_0, \delta_2) \cap E$，且 $x_2 \neq x_1$；$\cdots$ 取 $\delta_n = \min\left\{\dfrac{1}{n}, d(x_{n-1}, x_0)\right\}$，则存在 $x_n \in U^o(x_0, \delta_n) \cap E$，且 $x_n \neq x_1, x_2, \cdots, x_{n-1}$；$\cdots$. 由此，得到 E 中点列 $\{x_n\}$，且满足条件：①$d(x_n, x_0) < \delta_n < \dfrac{1}{n}$；②当 $j \neq k$ 时，$x_j \neq x_k$. ①表明 $\lim\limits_{n \to \infty} x_n = x$；②表明 $\{x_n\}$ 是 E 中互异点列.

"$\Leftarrow$". 设存在 E 中互异点列 $\{x_n\}$，使得 $\lim\limits_{n \to \infty} x_n = x$，则对任意 $\delta > 0$，存在正整数 N，当 $n > N$ 时，有 $x_n \in U(x_0, \delta)$，因为 $\{x_n\}$ 是 E 中互异点列，因此，必存在 $n > N$，使得 $x_n \neq x_0$，即有 $U^o(x_0, \delta) \cap E \neq \varnothing$. 因此 $x \in E'$.

（2）"$\Rightarrow$". 设 $x \in \overline{E}$，则 $x \in E$ 或 $x \in E'$. 若 $x \in E$，取 $x_n = x (n = 1, 2, \cdots)$ 即可；若 $x \in E'$，由（1）即得.

"$\Leftarrow$". 设存在 E 中点列 $\{x_n\}$ 使得 $\lim\limits_{n \to \infty} x_n = x$. 若 $x \notin \overline{E}$，则 $x \notin E$ 且 $x \notin E'$. 由 $x \notin E'$ 得，存在 $\delta > 0$，使得 $U^o(x, \delta) \cap E = \varnothing$；又因为 $x \notin E$，所以 $U(x, \delta) \cap E = \varnothing$. 这与 $\{x_n\} \subset E$ 且 $\lim\limits_{n \to \infty} x_n = x$ 矛盾.

（3）"$\Rightarrow$". 设 E 是闭集，则 $E = \overline{E}$. 任取 E 中点列 $\{x_n\}$，且 $\lim\limits_{n \to \infty} x_n = x \in X$. 由（2）得，$x \in \overline{E}$，因此 $x \in E$.

"$\Leftarrow$". 设 E 中任一点列，若其在 X 中收敛，则其极限也在 E 中. 任取 $x \in \overline{E}$，由（2）可知，存在 E 中点列 $\{x_n\}$ 使得 $\lim\limits_{n \to \infty} x_n = x$，因此 $x \in E$. 即有 $\overline{E} \subset E$. 所以 E 是闭集. **证毕**.

由定理 1.3.2（2）还可以得到下面关于点属于点集闭包的刻画.

定义 1.3.5（点集之间的距离）　设 (X, d) 是度量空间，A, B 是 X 的两个子集. 记

$$d(A, B) = \inf_{x \in A, y \in B} d(x, y).$$

$d(A, B)$ 称为点集 A 与 B 的距离. 若 $A = \{x\}$, 此时 $d(A, B)$ 记为 $d(x, B)$.

命题 1.3.3 设 (X, d) 是度量空间, $E \subset X$, $x \in X$, 则 $d(x, E) = 0$ 当且仅当 $x \in \bar{E}$.

三、完备性与闭性的关系

定理 1.3.4 设 X 是完备度量空间, E 是 X 的子空间, 则 E 是完备的当且仅当 E 是闭的.

证明: "$\Rightarrow$". 设 E 是完备的. 任取 E 中点列 $\{x_n\}$ 且 $\lim\limits_{n \to \infty} x_n = x \in X$, 则 $\{x_n\}$ 是 E 中的 Cauchy 列. 因为 E 是完备的, 故 $x \in E$. 由定理 1.3.2 (3) 得, E 是闭的.

"$\Leftarrow$". 设 E 是闭的. 任取 E 中的 Cauchy 点列 $\{x_n\}$. 因为 X 是完备的, 故存在 $x \in X$ 使得 $\lim\limits_{n \to \infty} x_n = x$. 又因为 E 是闭的, 由定理 1.3.2 (3) 得, $x \in E$. 因此 E 是完备的. **证毕**.

注 1.3.3 定理 1.3.4 的优势是在判断完备度量空间 X 的子空间 E 是否完备时, 不需要验证 E 中的任一 Cauchy 列都在 E 中收敛 (这通常需要两步, 第一步先找出这一 Cauchy 列可能的极限点, 第二步需要确认该点在 E 中且就是该 Cauchy 列的极限), 只需判断 E 中任意点列若在 X 中收敛, 则其极限是否还在 E 中 (只需一步).

例 1.3.1 c 表示 F 上收敛数列全体, 即对任意 $x = (\xi_1, \xi_2, \cdots, \xi_k, \cdots) \in c$, $\lim\limits_{k \to \infty} \xi_k$ 存在.

对任意 $x = (\xi_1, \xi_2, \cdots, \xi_k, \cdots)$, $y = (\eta_1, \eta_2, \cdots, \eta_k, \cdots) \in c$, 定义

$$d(x, y) = \sup_k |\xi_k - \eta_k|.$$

容易验证, 这样定义的 d 是 c 中的距离. 因此 c 在距离 d 下是度量空间.

下面说明 c 是完备度量空间.

验证: 通过观察, c 是 l^∞ 的子空间. 由例 1.2.4 知, l^∞ 是完备度量空间. 故要证明 c 是完备的, 只需证明 c 是 l^∞ 的闭子空间.

任取 c 中点列 $\{x_n = (\xi_1^n, \xi_2^n, \cdots, \xi_k^n, \cdots)\}$, 且 $\lim\limits_{n \to \infty} x_n = x \in l^\infty$. 令 $x = (\xi_1, \xi_2, \cdots, \xi_k, \cdots)$. 下证 $\lim\limits_{k \to \infty} \xi_k$ 存在, 即 $x \in c$.

因为 $\lim\limits_{n \to \infty} x_n = x$, 所以对任意 $\varepsilon > 0$, 存在正整数 N, 当 $n > N$ 时, 有

$$\sup_k |\xi_k^n - \xi_k| = d(x_n, x) < \varepsilon.$$

固定 n 且 $n > N$. 因为 $x_n \in c$，$\lim\limits_{k\to\infty}\xi_k^n$ 存在. 因此对上面的 ε，存在正整数 K，当 k，$m > K$ 时，
$$\left|\xi_k^n - \xi_m^n\right| < \varepsilon.$$
故当 m，$k > K$ 时，
$$\left|\xi_k - \xi_m\right| \leqslant \left|\xi_k - \xi_k^n\right| + \left|\xi_k^n - \xi_m^n\right| + \left|\xi_m^n - \xi_m\right|$$
$$\leqslant d(x_n,\ x) + \left|\xi_k^n - \xi_m^n\right| + d(x_n,\ x)$$
$$< 3\varepsilon.$$

这表明，$\{\xi_k\}$ 是 Cauchy 数列，因此 $\lim\limits_{k\to\infty}\xi_k$ 存在，即 $x \in c$. 由定理 1.3.2（3）得，c 是闭的. 证毕.

注 1.3.4 结合例 1.2.6 和定理 1.3.4 知，作为度量空间，$P[a,\ b]$ 是 $C[a,\ b]$ 的子空间，但 $P[a,\ b]$ 在 $C[a,\ b]$ 中不是闭的.

注 1.3.5 定理 1.3.4 表明，完备度量空间子空间的完备性和闭性一致. 对于不完备度量空间，结论不成立. 例如，本章第二节习题 3，取 $x_n = -n$，$n = 1$，2，$\cdots$，可验证 $\{x_n\}$ 是（$\mathbf{R}$，d_3）中的闭集且 $\{x_n\}$ 自身也是 Cauchy 点列，但在（$\mathbf{R}$，d_3）中，其极限不存在，因此 $\{x_n\}$ 不是完备的.

定理 1.3.5（完备度量空间中的闭球套定理） 设 X 是完备度量空间. 若 $\{x_n\} \subset X$ 且存在正数列 $\{r_n\}$，$r_n \to 0$（$n \to \infty$），使
$$S(x_{n+1},\ r_{n+1}) \subset S(x_n,\ r_n),$$
则存在 $x \in X$，对任意 n，有 $x \in S(x_n,\ r_n)$.

证明： 因为对任意 n，当 $m > n$ 时，$x_m \in S(x_n,\ r_n)$，所以当 $m > n$ 时，
$$d(x_m,\ x_n) \leqslant r_n \to 0(n \to \infty).$$
这表明，$\{x_n\}$ 是 X 中的 Cauchy 列. 因为 X 是完备的，所以存在 $x \in X$，使得 $\lim\limits_{n\to\infty}x_n = x$. 因为对任意 n，当 $m > n$ 时，$x_m \in S(x_n,\ r_n)$ 且 $S(x_n,\ r_n)$ 是闭集，因此
$$x = \lim\limits_{m\to\infty}x_m \in S(x_n,\ r_n).$$
证毕.

最后，我们给出度量空间中有界集的定义及其刻画. 度量空间中的有界集可看作是有界数集的抽象推广.

四、有界集

定义 1.3.6（直径，有界集） 设 E 是度量空间（X，d）中的点

集，记

$$\delta(E) = \sup_{x,y \in E} d(x, y),$$

称 $\delta(E)$ 为点集 E 的直径. 若 $\delta(E) < \infty$，则称 E 为有界集.

命题 1.3.6（有界集的判定） E 是度量空间 (X, d) 中的有界集当且仅当存在 $x_0 \in X$ 及 $\delta > 0$，使得 $E \subset U(x_0, \delta)$.

证明： "$\Rightarrow$". 设 E 是度量空间 (X, d) 中的有界集，则 $\delta(E) < \infty$.

固定 $x_0 \in E$，令 $\delta = \delta(E) + 1$. 因为对任意 $x, y \in E$，有 $d(x, y) \leq \delta(E)$，所以对任意 $x \in E$，

$$d(x, x_0) \leq \delta(E) < \delta.$$

即 $E \subset U(x_0, \delta)$.

"$\Leftarrow$". 设 $E \subset U(x_0, \delta)$，则对任意 $x \in E$，$d(x, x_0) < \delta$. 因此对任意 $x, y \in E$，

$$d(x, y) \leq d(x, x_0) + d(x_0, y) < 2\delta.$$

故 $\delta(E) \leq 2\delta < \infty$，从而 E 是有界集. **证毕.**

注 1.3.6 度量空间中的 Cauchy 点列，收敛点列都是有界集.

习　题

1. 设 (X, d) 为度量空间，$E \subset X$. 证明：$\mathring{E}$ 是开集，E' 和 $\overline{E}$ 是闭集.

2. 设 $c_0 = \{x = (\xi_1, \xi_2, \cdots, \xi_k, \cdots) \mid \lim_{k \to \infty} \xi_k = 0\}$. 对任意 $x = (\xi_1, \xi_2, \cdots, \xi_k, \cdots)$，$y = (\eta_1, \eta_2, \cdots, \eta_k, \cdots) \in c_0$，定义

$$d(x, y) = \sup_k |\xi_k - \eta_k|.$$

证明：c_0 是完备度量空间.

第四节　度量空间中的稠密集与可分度量空间，无处稠密集与第二纲集

我们知道有理数集在实数集中稠密，而且有理数集是可数的. 这一性质对于实数集非常重要. 本节将"稠密"的概念推广到度量空间上，并由此得到关于度量空间的一种分类：可分度量空间与不可分度量空间. 同时，

进一步学习度量空间中的另一重要概念——无处稠密集，并由此得到度量空间的第二种分类：第一纲度量空间与第二纲度量空间.

一、稠密集与可分度量空间

定义 1.4.1（稠密集，可分度量空间） 设 X 是度量空间，D，$E \subset X$. 如果 $D \subset \bar{E}$，那么，称集合 E 在集合 D 中稠密. 特别地，当 $D = X$ 时，称 E 为 X 的稠密子集.

如果 X 有一个可数稠密子集，则称 X 是可分度量空间. 否则称 X 为不可分度量空间.

命题 1.4.1（有关稠密性的判定） 设 X 是度量空间，D，$E \subset X$.

（1）E 在 D 中稠密当且仅当 $D \subset \bar{E}$，当且仅当对任意 $x \in D$，存在 E 中点列 $\{x_n\}$，使得 $\lim\limits_{n \to \infty} x_n = x$.

（2）E 是 X 的稠密子集当且仅当 $\bar{E} = X$，当且仅当对任意 $x \in X$ 及 $\varepsilon > 0$，

$$U(x, \varepsilon) \cap E \neq \varnothing.$$

证明：（1）由定义 1.4.1，E 在 D 中稠密当且仅当 $D \subset \bar{E}$. 即当且仅当对任意 $x \in D$，有 $x \in \bar{E}$. 由定理 1.3.2（2）知，当且仅当对任意 $x \in D$，存在 E 中点列 $\{x_n\}$，使得 $\lim\limits_{n \to \infty} x_n = x$.

（2）由定义 1.4.1，E 是 X 的稠密子集当且仅当 $X \subset \bar{E}$. 因为 X 是全空间，$\bar{E} \subset X$，因此，E 是 X 的稠密子集当且仅当 $\bar{E} = X$.

设 E 是 X 的稠密子集，则 $X \subset \bar{E}$. 因此，对任意 $x \in X$，或者 $x \in E$ 或者 $x \in E'$. 显然，无论 $x \in E$ 还是 $x \in E'$，对任意 $\varepsilon > 0$，都有 $U(x, \varepsilon) \cap E \neq \varnothing$.

设 $x \in X$，且对任意 $\varepsilon > 0$，$U(x, \varepsilon) \cap E \neq \varnothing$. 若 $x \notin E$，则对任意 $\varepsilon > 0$，

$$U^o(x, \varepsilon) \cap E = U(x, \varepsilon) \cap E \neq \varnothing,$$

即 $x \in E'$. 因此，或者 $x \in E$，或者 $x \in E'$，故总有 $x \in \bar{E}$. 因此 $X \subset \bar{E}$，E 是 X 的稠密子集. **证毕.**

由定义 1.4.1，命题 1.4.1 可得如下关于可分度量空间的判断.

命题 1.4.2（可分度量空间的判断） 度量空间 X 是可分的当且仅当存在可数子集 $\{x_n\}\subset X$，使得对任意 $x\in X$ 及 $\varepsilon>0$，有 $U(x,\varepsilon)\cap\{x_n\}\neq\varnothing$.

二、可分度量空间，不可分度量空间的例子

例 1.4.1 $\mathbf{R}^n$ 是可分的.

令 $\mathbf{Q}^n=\{x=(x_1,x_2,\cdots,x_n)\,|\,x_k\in\mathbf{Q},\,1\le k\le n\}$，其中 $\mathbf{Q}$ 表示有理数集. 由实变函数知识知，$\mathbf{Q}^n$ 是可数集. 利用实数的 Cauchy 收敛准则以及 $\mathbf{R}^n$ 中点列收敛的具体含义，可以验证对于 $\mathbf{R}^n$ 中任意点 x，存在 $\mathbf{Q}^n$ 中的点列 $\{x_m\}$，使得 $\lim\limits_{m\to\infty}x_m=x$. 从而由命题 1.4.1 得，$\mathbf{Q}^n$ 是 $\mathbf{R}^n$ 中的稠密子集. 因此，$\mathbf{R}^n$ 是可分的.

例 1.4.2 l^∞ 是不可分的.

由例 1.1.7 知，$l^\infty=\{x=(\xi_1,\xi_2,\cdots,\xi_k,\cdots)\,|\,\xi_k\in F,\,1\le k<\infty,\,\sup\limits_k|\xi_k|<\infty\}$，且

$$d(x,y)=\sup_k|\xi_k-\eta_k|,$$

其中，$x=(\xi_1,\xi_2,\cdots,\xi_k,\cdots)$，$y=(\eta_1,\eta_2,\cdots,\eta_k,\cdots)\in l^\infty$.

验证： 记 $E=\{(\xi_1,\xi_2,\cdots,\xi_k,\cdots)\,|\,\xi_k=1\text{ 或 }0,\,1\le k<\infty\}$，则 E 与二进制小数对等. 因此 $\overline{\overline{E}}=\overline{\overline{[0,1]}}=c$（这里 c 表示连续基数），所以 E 是不可数集. 同时，对任意 $x,y\in E$ 且 $x\neq y$ 有 $d(x,y)=1$. 因此，$\left\{U\left(x,\dfrac{1}{3}\right)\,|\,x\in E\right\}$ 是互不相交的不可数集. 故

$$\overline{\overline{\left\{U\left(x,\dfrac{1}{3}\right)\,|\,x\in E\right\}}}=\overline{\overline{E}}=c.$$

若 l^∞ 是可分的，由命题 1.4.2 知，存在可数稠密子集 $\{x_n\}$，使得对任意 $x\in E$，

$$\{x_n\}\cap U\left(x,\dfrac{1}{3}\right)\neq\varnothing,$$

这表明，$\overline{\overline{\{x_n\}}}\ge c$，矛盾. **证毕.**

三、无处稠密集，Baire 纲定理

定义 1.4.2（无处稠密集） 设 E 是度量空间 X 中的子集. 如果 E 不在 X 中任何半径不为零的开球中稠密，则称 E 是 X 中的无处稠密集或疏

朗集.

注 1.4.1 E 是度量空间 X 的无处稠密集和 E 不是 X 的稠密集是两个不同的概念. 显然, 无处稠密集一定不是稠密集. 反之则不一定成立.

命题 1.4.3（无处稠密集的性质） E 为度量空间 X 中的无处稠密子集当且仅当 $\overline{E}$ 不包含内点.

证明: "⇒". 设 E 是 X 中的无处稠密集. 若存在 $x \in X$ 以及 $\delta > 0$, 使得 $U(x, \delta) \subset \overline{E}$, 则 E 在 $U(x, \delta)$ 中稠密, 矛盾. 因此 $\overline{E}$ 不包含内点.

"⇐". 设 $\overline{E}$ 不包含内点. 若 E 不是 X 中的无处稠密集, 则存在 $x \in X$ 以及 $\delta > 0$, 使得 $U(x, \delta) \subset \overline{E}$, 这表明, x 是 $\overline{E}$ 的内点, 矛盾. **证毕.**

由命题 1.4.3 可得下面的推论.

推论 1.4.4 无处稠密集的闭包还是无处稠密集.

定义 1.4.3（第一, 第二纲集） 设 X 是度量空间, E 是 X 中的子集. 若 E 是 X 中有限个或可数个无处稠密集的并集, 则称 E 是第一纲集, 否则称 E 为第二纲集.

定理 1.4.5（Baire 纲定理） 完备度量空间是第二纲集.

证明: 设 X 是完备度量空间. 若 X 是第一纲集, 则 $X = \bigcup_n E_n$, 其中 E_n 是无处稠密集. 显然此时有 $X = \bigcup_n \overline{E_n}$, 因此, 不妨设 E_n 是闭集, $X = \bigcup_n E_n$.

因为 E_1 是无处稠密集, $E_1 \neq X$, 所以 E_1^c 是非空开集. 因此, 存在 $x_1 \in X$ 及 $\delta_1 > 0$, 使得 $U(x_1, \delta_1) \subset E_1^c$, 即 $U(x_1, \delta_1) \cap E_1 = \varnothing$. 令 $r_1 = \dfrac{\delta_1}{2}$, 则 $S(x_1, r_1) \cap E_1 = \varnothing$.

因为 E_2 是无处稠密集, 由命题 1.4.3 得, $U(x_1, r_1) \cap E_2^c \neq \varnothing$, 所以 $U(x_1, r_1) \cap E_2^c$ 是非空开集. 因此, 存在 $x_2 \in X$ 及 $\delta_2 > 0$, 使得 $U(x_2, \delta_2) \subset U(x_1, r_1) \cap E_2^c$. 令 $r_2 = \dfrac{\delta_2}{2}$, 则 $S(x_2, r_2) \subset S(x_1, r_1)$, $S(x_2, r_2) \cap E_2 = \varnothing$ 且 $r_2 < \dfrac{r_1}{2} = \dfrac{\delta_1}{4}$.

以此类推, 得到闭球列 $\{S(x_n, r_n)\}$ 满足 $S(x_{n+1}, r_{n+1}) \subset S(x_n, r_n)$, $S(x_n, r_n) \cap E_n = \varnothing$ 且 $r_n < \dfrac{r_{n-1}}{2} < \dfrac{\delta_1}{2^n} \to 0 (n \to \infty)$. 由定理 1.3.5 知, 存在 $x \in$

X, 对任意 n, 有 $x \in S(x_n, r_n)$. 因此对任意 n, $x \notin E_n$, 从而 $x \notin \bigcup_{n=1}^{\infty} E_n = X$, 矛盾. **证毕.**

习　题

1. 设 E 是由只有有限项非零有理数的序列构成的集合. 证明: E 是 l^2 的可数稠密子集. 从而得到 l^2 是可分度量空间.

2. 设 X 是度量空间, $D \subset E \subset X$. 证明: 若 E 是第一纲集, 则 D 也是第一纲集; 若 D 是第二纲集, 则 E 也是第二纲集.

第五节　连续映射

本节学习度量空间之间与它们的结构相适应的映射——连续映射. 这正是数学分析中学习过的连续函数在度量空间上的抽象推广.

一、度量空间之间的映射在一点处的连续性

定义 1.5.1（映射在一点处的连续性）　设 $X = (X, d)$, $Y = (Y, \bar{d})$ 是两个度量空间, T 是 X 到 Y 中的映射, $x_0 \in X$. 如果对任意 $\varepsilon > 0$, 存在 $\delta > 0$, 使得当 $x \in X$, $d(x, x_0) < \delta$ 时, 有 $\bar{d}(Tx, Tx_0) < \varepsilon$, 则称 T 在点 x_0 处连续.

注 1.5.1　上述 ε-δ 语言表达的度量空间之间映射在一点处连续的概念, 也可以通过邻域的语言来表达. 设 $x_0 \in X$. 如果对 Tx_0 的任一 (ε) 邻域 $U(U(Tx_0, \varepsilon))$, 都存在 x_0 的 (δ) 邻域 $V(U(x_0, \delta))$, 使得当 $x \in V(x \in U(x_0, \delta))$ 时, 有 $Tx \in U(Tx \in U(Tx_0, \varepsilon))$, 则称 T 在点 x_0 处连续.

定理 1.5.1（利用点列收敛判断映射在一点处的连续性）　设 T 是度量空间 (X, d) 到度量空间 $(Y, \bar{d})$ 中的映射, $x_0 \in X$, 则 T 在点 x_0 处连续当且仅当对于 X 中任何以 x_0 为极限的点列 $\{x_n\}$, $\{Tx_n\}$ 都收敛于 Tx_0.

证明:　"$\Rightarrow$". 设 T 在点 x_0 处连续且 $\{x_n\} \subset X$, $x_n \to x_0 (n \to \infty)$. 因为 T 在 x_0 处连续, 因此对任意 $\varepsilon > 0$, 存在 $\delta > 0$, 使得当 $x \in X$, $d(x, x_0) < \delta$, 有

$$\bar{d}(Tx, Tx_0) < \varepsilon.$$

因为 $x_n \to x_0$（$n \to \infty$），对上面的 δ，存在正整数 N，当 $n > N$ 时，有 $d(x_n, x_0) < \delta$. 因此当 $n > N$ 时，有

$$\bar{d}(Tx_n, Tx_0) < \varepsilon.$$

即 $\lim\limits_{n \to \infty} Tx_n = Tx_0$.

"$\Leftarrow$". 设当 $\{x_n\} \subset X$ 且 $x_n \to x_0$（$n \to \infty$）时，必有 $Tx_n \to Tx_0$（$n \to \infty$）. 若 T 在点 x_0 处不连续，则存在 $\varepsilon_0 > 0$，对任意正整数 n，存在 $x_n \in X$ 且 $d(x_n, x_0) < \dfrac{1}{n}$，但 $\bar{d}(Tx_n, Tx_0) \geqslant \varepsilon_0$. 这表明，$\lim\limits_{n \to \infty} x_n = x_0$，但 $\lim\limits_{n \to \infty} Tx_n \neq Tx_0$，矛盾. **证毕**.

注 1.5.2 定理 1.5.1 类似于数学分析中的归结原则.

二、连续映射

定义 1.5.2（连续映射） 设 T 是从度量空间 (X, d) 到度量空间 $(Y, \bar{d})$ 中的映射. 如果 T 在 X 中的每一点都连续，则称 T 是从 X 到 Y 中的连续映射.

下面给出一个连续映射的判定定理.

定义 1.5.3（原像） 设 T 是从集合 X 到集合 Y 中的映射，$E \subset Y$. 集合
$$\{x \mid x \in X, Tx \in E\}$$
称为集合 E 在映射 T 下的原像，记为 $T^{-1}E$.

由定义 1.5.3 知，$x \in T^{-1}E$ 当且仅当 $Tx \in E$.

定理 1.5.2（连续映射的判定） 度量空间 X 到度量空间 Y 中的映射 T 是连续的当且仅当 Y 中任意开集 E 的原像 $T^{-1}E$ 是 X 中的开集.

证明："$\Rightarrow$". 设 T 是 X 到 Y 中的连续映射，E 是 Y 中任意开集.

若 $T^{-1}E = \varnothing$，则得证. 设 $T^{-1}E \neq \varnothing$. 任取 $x_0 \in T^{-1}E$，则 $Tx_0 \in E$. 因为 E 是开集，故存在 Tx_0 的邻域 $U \subset E$. 因为 T 在 x_0 连续，故存在 x_0 的邻域 V，$TV \subset U$，即 $V \subset T^{-1}U$，从而 $V \subset T^{-1}E$. 因此，x_0 是 $T^{-1}E$ 中内点，$T^{-1}E$ 是开集.

"$\Leftarrow$". 设 Y 中任意开集 E 的原像 $T^{-1}E$ 是 X 中的开集. 任取 $x_0 \in X$. 对于 Tx_0 的任一邻域 U，U 是 Y 中的开集，因此 $T^{-1}U$ 是 X 中开集. 因为 $x_0 \in T^{-1}U$，所以存在 x_0 的邻域 V，$V \subset T^{-1}U$，即 $TV \subset U$，所以 T 在点 x_0 处连

续. 证毕.

例 1.5.1　设 X 是度量空间，$x_0 \in X$. 定义 $f(x) = d(x, x_0)$，$x \in X$，则 f 是 X（到 $\mathbf{R}$ 中）的连续映射.

证明： 因为对任意 x，$y \in X$，$d(x, x_0) \leq d(x, y) + d(y, x_0)$，所以

$$d(x, x_0) - d(y, x_0) \leq d(x, y).$$

同理，有 $d(y, x_0) - d(x, x_0) \leq d(x, y)$. 因此

$$|d(x, x_0) - d(y, x_0)| \leq d(x, y).$$

即 $|f(x) - f(y)| \leq d(x, y)$. 由此易证，$f$ 是 X（到 $\mathbf{R}$ 中）的连续映射. 证毕.

三、几类重要的连续映射

定义 1.5.4（等距同构映射）　设 $X = (X, d)$，$Y = (Y, \bar{d})$ 是两个度量空间，T 是 X 到 Y 中的映射. 若对任意 x_1，$x_2 \in X$，

$$\bar{d}(Tx_1, Tx_2) = d(x_1, x_2),$$

则称 T 是从 X 到 Y 中的等距映射. 特别地，若 $TX = Y$，则称 T 是从 X 到 Y 上的等距映射. 此时称 X 与 Y 同构.

定义 1.5.5（拓扑同构映射）　设 $X = (X, d)$，$Y = (Y, \bar{d})$ 是两个度量空间，T 是 X 到 Y 上的映射. 若存在 $M \geq M' > 0$，对任意 x_1，$x_2 \in X$，

$$M'd(x_1, x_2) \leq \bar{d}(Tx_1, Tx_2) \leq Md(x_1, x_2),$$

则称 T 是从 X 到 Y 上的拓扑同构映射. 此时称 X 与 Y 拓扑同构.

定义 1.5.6（压缩映射）　设 $X = (X, d)$，$Y = (Y, \bar{d})$ 是两个度量空间，T 是 X 到 Y 中的映射. 若存在 $0 < \alpha < 1$，对任意 x_1，$x_2 \in X$，

$$\bar{d}(Tx_1, Tx_2) \leq \alpha d(x_1, x_2),$$

则称 T 是从 X 到 Y 中的压缩映射.

注 1.5.3　两个度量空间同构，表明这两个度量空间具有完全相同的距离结构，从而一切与距离相关的性质都是一样的，因此同构的度量空间可以认为是同一的.

注 1.5.4　两个度量空间拓扑同构指的是在拓扑的意义下，这两个度量空间的结构一样. 也就是，拓扑同构映射将开集映为开集，开集的原像还是开集.

注 1.5.5 关于压缩映射有一个非常重要的定理——Banach 不动点定理. 该定理的内容是：若 T 是完备度量空间 X 到其自身的压缩映射，则存在 X 中唯一的点 x，使得 $Tx = x$. 该定理在微分方程与积分方程求解中具有广泛的应用（参见参考文献 [2]，[6]，[9] 等）.

习　题

1. 设 X 是度量空间，$E \subset X$. 对任意 $x \in X$，定义 $f(x) = \inf\limits_{y \in E} d(x, y)$. 证明：$f$ 是 X（到 **R** 中）的连续映射.

2. 证明：度量空间中的开集可表示为可数个闭集的并，闭集可表示为可数个开集的交.

3. 设 f 是定义在度量空间 X 上的实函数. 证明：f 连续当且仅当下列条件之一成立：

（1）对任意 $a \in \mathbf{R}$，$\{x \in X \mid f(x) > a\}$ 和 $\{x \in X \mid f(x) < a\}$ 都是开集.

（2）对任意 $a \in \mathbf{R}$，$\{x \in X \mid f(x) \geqslant a\}$ 和 $\{x \in X \mid f(x) \leqslant a\}$ 都是闭集.

4. 设 X，Y，Z 都是度量空间，f 是从 X 到 Y 中的连续映射，g 是从 Y 到 Z 中的连续映射. 证明：$g \circ f$ 是从 X 到 Z 中的连续映射.

阅读材料：Fréchet——度量空间的创立者

1878 年 9 月 10 日 Maurice Fréchet 出生于法国巴黎东南部的马利尼（Maligny），在家中排行老四. 年少时，Fréchet 随父母移居巴黎，他的父亲在那里谋得一份教职工作，生活相对安定. 1973 年 6 月 4 日，Fréchet 在巴黎逝世.[1-2]

1890—1893 年，少年时期的 Fréchet 在巴黎的布丰中学（Lycée Buffon）遇到了影响其一生的青年数学教师 Jacques Hadamard（1865—1963）. Hadamard 发现了 Fréchet 的数学才能，通过布置额外

Maurice Fréchet

课程、习题等来激发 Fréchet 对数学的兴趣，甚至在 1894 年获得波尔多大学（University of Bordeaux）教职工作离开布丰中学之后，Hadamard 还会通过通信来指导 Fréchet 的数学学习．当然这样的经历对于年少的 Fréchet 并不一定总是愉快的，Fréchet 也曾提到他会因为不能回答上 Hadamard 提出的问题而感到害怕．若干年后，Fréchet 成为 Hadamard 的第一个博士生．这一师生之情一直持续到 Hadamard 去世．Fréchet 尊 Hadamard 为其"精神导师"．[2]

1900 年，Fréchet 进入巴黎高等师范学校（École Normale Supérieure），于 1903 年完成学业，通过数学学位考试，开始发表一些关于高维几何方面的短文，并显露出他在论文发表方面多产的才能．Fréchet 也曾纠结于选择数学还是物理专业，考虑到物理专业必然涉及化学知识，而他对化学是拒绝的，最后 Fréchet 选择了数学专业．他在巴黎高等师范学校结识了两位美国人，Edwin Bidwell Wilson（1879—1964）和 David Raymond Curtiss（1878—1953），这对他之后的学术研究成果在美国发表且被美国数学家所熟知起到了重要作用．[2]

1900 年前后，数学的思想和方法在经历了 19 世纪缓慢积累的过程后开始爆发，探求一般性和统一性成为 20 世纪数学的特征之一．早在 1874 年，德国数学家 Georg Cantor（1845—1918）就开创了集合论．1887 年，意大利数学家 Vito Volterra（1860—1940）将定义在某个区间上的函数全体看作一个集合，其中的每一个函数看作一个点，考虑定义在这个集合中的每个点且取实值的函数（Volterra 称这样的函数为"线函数"）的连续性、微商、微分等概念．1897 年，Hadamard 在苏黎世（Zurich）举办的第一届世界数学家大会上的简短发言提到，"值得去研究由函数构成集合的性质，这样的集合可能具有不同于数集或 n 维空间中点集的性质"，并断言"由函数构成集合的理论研究，毫无疑问在数学物理中的偏微分方程中扮演基础角色"．1902 年，法国数学家 Henri Lebesgue（1875—1941）在点集测度的基础上建立了现在被称为"Lebesgue 积分"的理论．作为 Hadamard 指导的博士生，Fréchet 不仅通过 Hadamard 的教学熟知了 Volterra 的思想，而且与 Lebesgue 和 Émile Borel （1871—1956） 都有联系，常有通信往来，交流学术研究. Fréchet 在 1903 年 11 月至 1904 年 3 月参加了 Borel 的讲座，并协助 Borel 将讲义整理成书. 这些经历对 Fréchet 抽象空间理论的创立产生了深远影响. 彼时，Fréchet 已经预见到，"发展可以为不同分析研究对象提供一套统一的公理分析体系"的重要性，以及在这个体系中"引入极限"的必要性.[2-3]

　　从 1904 年至 1905 年，Fréchet 通过发表 4 篇注解和 2 篇研究文献发展和完善了自己关于抽象空间的思想和理论. 1906 年，Fréchet 的博士论文《关于泛函演算若干问题》[4]发表，全面展现了他的抽象空间思想和理论. 其论文共分两个部分，第一部分是引言——抽象集中的极限概念；第二部分是应用——一般理论. 从其博士论文中，我们也可以看到其思想从模糊到清晰的构建过程. 在其博士论文第一部分开始，Fréchet 描述了一类集合 L，这类集合中的点列有极限的概念且极限是唯一的，这表明，Fréchet 的思想是建立可以定义极限概念的集合，但究竟如何定义并不明确. 尽管从极限点出发，Fréchet 在 L 中定义了导集、闭集、内点、紧集等概念，推广了实数集上的 Weierstrass 定理，但显然 Fréchet 也清楚集合 L 只是一个蓝图，因为所得理论都依赖于集合 L 中有极限的概念. 如果他不能说明如何在 L 上定义极限，这一切理论都是无源之水，无本之木. 而要想建立一套适用于熟悉的数集和连续函数集等上的抽象理论体系，必须在集合 L 上引入更多的条件，这个条件应该是可以用来衡量点列 $\{A_n\}$ 与其极限 A 的接近程度. 据此思想，Fréchet 又引入一类集合 V. 在集合 V 中，任意两个元素 A 和 B 对应一个实数 (A, B)，满足条件 $(A, B) = (B, A) \geqslant 0$；$(A, B) = 0$ 当且仅当 $A = B$；存在定义在正实数上的取值为正的函数 $f(\varepsilon)$，$\lim\limits_{\varepsilon \to 0} f(\varepsilon) = 0$，使得当 $(A, B) \leqslant \varepsilon$ 且 $(B, C) \leqslant \varepsilon$ 时，有 $(A, C) \leqslant f(\varepsilon)$. 从中可以看到，集合 V 与现在的度量空间已很相近，可以看作度量空间的雏形. Fréchet 称 (A, B) 为 A 和 B 的邻域（V 代表法语邻域 voisinage 的首字母）. 在以上条件的限制下，集合 V 中点列 $\{A_n\}$ 以 A 为极限就有了明确的定义，即当 $n \to \infty$ 时，$(A_n, B) \to 0$.

Fréchet 在集合 V 中又引入可分性、完备性等概念，并由此建立了若干覆盖定理（如紧集的有限覆盖定理等）. 在试图利用集合上连续函数的性质来刻画集合闭紧性的命题中，Fréchet 引入一类集合 E. 所谓集合 E 就是将集合 V 中的条件，"当 $(A, B) \leqslant \varepsilon$ 且 $(B, C) \leqslant \varepsilon$ 时，有 $(A, C) \leqslant f(\varepsilon)$" 替换为 " $(A, C) \leqslant (A, B) + (B, C)$"，称 (A, B) 为 A 和 B 的"分离"（E 即代表法语分离 ecart 的首字母），而这正是现在的距离空间或度量空间. 尽管在其论文第一部分 Fréchet 侧重的是集合 V，但他在全文中没有给出一个集合 V 的例子，却在第二部分给出了 4 个度量空间的具体例子，也就是集合 E 的例子，其中 2 个例子分别是本章例 1.1.5 和本章第一节中的习题 2.[2-3]

Fréchet 的博士论文对当时许多数学家产生了非常大的影响，如匈牙利数学家 Frigyes Riesz（1880—1956），德国数学家 Felix Hausdaorff（1868—1942）等。他的论文不仅为泛函分析学科的建立提供了基础，而且在文中引入的"紧性、可分性、完备性"等概念对点集拓扑学也产生了重要的影响. 法国布尔巴基学派代表人物 Jean Dieudonné（1906—1992）将 Fréchet 1906 年的度量空间工作与瑞典数学家 Erik Ivar Fredholm（1866—1927）1900 年的积分方程工作，Lebesgue 1902 年的积分工作以及德国数学家 David Hilbert（1862—1943）1906 年的谱理论工作誉为"泛函分析四大奠基工作".[5]

Fréchet 在泛函分析方面的另一个贡献是，关于 $C[a, b]$ 上连续线性泛函表示问题的研究，这将涉及本书第三章的内容. 正是因为 Fréchet 的这一工作，成就了 Riesz 表示定理. 因此，我们将在介绍 Riesz 的阅读材料中对此作比较详细的说明.

Fréchet 一生所涉及的数学领域较多，除了泛函分析和一般拓扑学，他还在概率统计、函数论以及经典分析等方面都有过重要的贡献. 作为一名老师，Fréchet 也非常认真负责. 控制论的创始人 Norbert Wiener（1894—1964）以及中国泛函分析的奠基者关肇直（1919—1982）都是 Fréchet 的学生.[6]

参考文献

[1]J J O'Connor,E F Robertson. René Maurice Fréchet. [EB/OL] (2005 - 12 - 01) [2018 - 01 - 25]. http://www-history. mcs. st-andrews. ac. uk/Biographies/Frechet. html.

[2]A E Taylor. A study of Maurice Fréchet I:His early work on point set theory and the theory of functional[J]. Archive for History of Exact Science,1982,27(3):233 - 295.

[3] 莫里斯·克莱因. 古今数学思想:第 4 册[M]. 邓东皋,张恭庆,等,译. 上海:上海科学技术出版社, 2002:161 - 165.

[4]M Fréchet. Sur quelques points du Calcul fonctionnel[J]. Rendiconti Circ Mat Palermo,1906,22(1):1 - 74.

[5] J Dieudonné. A history of functional analysis[M]. Amsterdam,New York,Oxford:North-Holland Publishing Company,1981:97.

[6]王昌. 点集拓扑学的创立[D]. 西安:西北大学,2012.

第二章　线性空间与线性算子

本章学习具有线性结构的集合——线性空间，以及与其线性结构相适应的映射——线性映射（又称线性变换，在泛函分析中习惯上称为线性算子）．

实际上，在高等代数这门课中我们已经接触过线性空间与线性算子的内容．相比较度量空间，线性空间的内容更容易被接受，因此这部分内容点到为止．在此基础上，我们学习线性空间上的 Hahn-Banach 泛函延拓定理．该定理表明，线性空间上存在大量非平凡的线性泛函（即从线性空间到数集的线性算子）．这也是为第三章学习赋范线性空间上的 Hahn-Banach 泛函延拓定理做准备．

第一节　线性空间的定义及其例子

本节回顾线性空间的定义以及在泛函分析中常见的两类线性空间的若干例子．

一、线性空间的定义

定义 2.1.1（线性空间）　设 X 是一非空集合．在 X 中定义元素的加法运算（即，对任意 x，$y \in X$，存在 $u \in X$ 与之对应，记为 $u = x + y$，称为 x 与 y 的和）和数域 F（F 是实数域或复数域）中的数与 X 中元素的乘法运算（即，对任意 $x \in X$ 及 $a \in F$，存在 $v \in X$ 之对应，记为 $v = ax$，称为 a 与 x 的数乘），且满足以下条件：

（1）（加法交换律）对任意 x，$y \in X$，$x + y = y + x$；

（2）（加法结合律）对任意 x，y，$z \in X$，$(x + y) + z = x + (y + z)$；

（3）存在唯一 $\theta \in X$，使得对任意 $x \in X$，有 $x + \theta = x$，称 θ 为 X 中的零

元素；

（4）对任意 $x \in X$，存在唯一 $x' \in X$，使得 $x + x' = \theta$，称 x' 为 x 的负元，记为 $-x$；

（5）对任意 $x \in X$，$1x = x$；

（6）（乘法结合律）对任意 $x \in X$ 及 a，$b \in F$，$a(bx) = (ab)x$；

（7）（乘法分配律）对任意 $x \in X$ 及 a，$b \in F$，$(a + b)x = ax + bx$，$a(x + y) = ax + ay$.

则称 X 按上述加法和数乘运算成为（数域 F 上的）线性空间或向量空间，其中的元素称为向量. 如果 F 是实数域，则称 X 是实线性空间；如果 F 是复数域，则称 X 是复线性空间.

注 2.1.1 设 X 是数域 F 上的线性空间，x，y，$z \in X$，a，$b \in F$.

（1）$0x = \theta$，$a\theta = \theta$，$(-1)x = -x$；

（2）（加法消去律）若 $x + y = x + z$，则 $y = z$；

（3）（数乘消去律）若 $ax = ay$ 且 $a \neq 0$，则 $x = y$；若 $ax = bx$ 且 $x \neq \theta$，则 $a = b$.

以后 X 中的零元素 θ 记为 0，$x - y$ 表示 $x + (-y)$，即 $x - y = x + (-y)$.

注 2.1.2 一个复线性空间，若其数乘中所涉及的数限制在实数域上，则为实线性空间. 即，复线性空间也可以看作实线性空间. 反之不成立.

二、线性空间的例子

例 2.1.1 $\mathbf{R}^n$.

$$\mathbf{R}^n = \{x = (x_1, x_2, \cdots, x_n) \mid x_k \in \mathbf{R}, 1 \leqslant k \leqslant n\}.$$

对任意 $x = (x_1, x_2, \cdots, x_n)$，$y = (y_1, y_2, \cdots, y_n) \in \mathbf{R}^n$ 及 $a \in \mathbf{R}$，定义

$$x + y = (x_1 + y_1, x_2 + y_2, \cdots, x_n + y_n), \quad ax = (ax_1, ax_2, \cdots, ax_n),$$

则 $\mathbf{R}^n$ 在此加法和数乘运算下是实线性空间.

类似地，$\mathbf{C}^n$ 是复线性空间.

例 2.1.2 $C^n[a, b]$.

$C^n[a, b]$ 表示 $[a, b]$ 上 n 阶连续可微函数全体.

对任意 x，$y \in C^n[a, b]$ 及 $a \in F$，定义

$$(x + y)(t) = x(t) + y(t), \quad (ax)(t) = a(x(t)), \quad t \in [a, b],$$

则 $C^n[a, b]$ 在此加法和数乘运算下是线性空间.

注 2.1.3　在泛函分析中涉及的例子主要有两类. 一类是由满足某种条件的数列构成的集合，一类是由满足某种条件的函数构成的集合. 若 X 是由满足某种条件的数列构成的集合，其加法和数乘的定义为通常数列的加法和数与数列相乘的定义. 即对任意 $x = (\xi_1, \xi_2, \cdots, \xi_k, \cdots)$，$y = (\eta_1, \eta_2, \cdots, \eta_k, \cdots) \in X$ 及 $a \in F$，

$$x + y = (\xi_1 + \eta_1, \xi_2 + \eta_2, \cdots, \xi_k + \eta_k, \cdots),$$
$$ax = (a\xi_1, a\xi_2, \cdots, a\xi_k, \cdots).$$

X 是否在此加法和数乘运算下成为线性空间，只需验证 X 是否对这样定义的加法和数乘运算封闭，即是否有 $x + y \in X$ 以及 $ax \in X$. 若 X 是由定义在集合 E 上的满足某种条件的函数构成的集合，其加法和数乘的定义为通常函数的加法和数与函数相乘的定义. 即对任意 $x, y \in X$ 及 $a \in F$，

$$(x + y)(t) = x(t) + y(t), \quad (ax)(t) = a(x(t)), \quad t \in E.$$

X 是否在此加法和数乘运算下成为线性空间，只需验证 X 是否对这样定义的加法和数乘运算封闭，即是否有 $x + y \in X$ 以及 $ax \in X$.

例 2.1.3　$l^p (p > 0)$.

$$l^p = \left\{ x = (\xi_1, \xi_2, \cdots, \xi_k, \cdots) \,\middle|\, \sum_{k=1}^{\infty} |\xi_k|^p < \infty \right\}, \quad (p > 0).$$

l^p 对通常数列的加法和数乘运算是封闭的. 因为对任意 $x = (\xi_1, \xi_2, \cdots, \xi_k, \cdots)$，$y = (\eta_1, \eta_2, \cdots, \eta_k, \cdots) \in l^p$ 及 $a \in F$，

$$\begin{aligned}
|\xi_k + \eta_k|^p &\leq (|\xi_k| + |\eta_k|)^p \leq (2\max\{|\xi_k|, |\eta_k|\})^p \\
&= 2^p \max\{|\xi_k|^p, |\eta_k|^p\} \\
&\leq 2^p (|\xi_k|^p + |\eta_k|^p), \quad 1 \leq k < \infty,
\end{aligned}$$

所以

$$\sum_{k=1}^{\infty} |\xi_k + \eta_k|^p \leq 2^p \left(\sum_{k=1}^{\infty} |\xi_k|^p + \sum_{k=1}^{\infty} |\eta_k|^p \right) < \infty.$$

这表明，$x + y \in l^p$. 同理可验证 $ax \in l^p$. 因此 l^p 是线性空间.

例 2.1.4　$L^p[a, b] (p > 0)$.

$$L^p[a, b] = \left\{ f \,\middle|\, f(t) \text{ 是 } [a, b] \text{ 上的可测函数且} \int_a^b |f(t)|^p \, dt < \infty \right\},$$
$(p > 0)$.

$L^p[a, b]$ 对于函数通常的加法和数乘运算封闭. 因为对任意 $f, g \in L^p[a, b]$ 及 $a \in F$,

$$|f(t) + g(t)| \leq |f(t)| + |g(t)| \leq 2\max\{|f(t)|, |g(t)|\}, t \in [a, b],$$

所以

$$|f(t) + g(t)|^p \leq 2^p \max\{|f(t)|^p, |g(t)|^p\} \leq 2^p(|f(t)|^p + |g(t)|^p),$$

从而

$$\int_a^b |f(t) + g(t)|^p \mathrm{d}t \leq 2^p \left(\int_a^b |f(t)|^p \mathrm{d}t + \int_a^b |g(t)|^p \mathrm{d}t\right) < \infty,$$

即 $f + g \in L^p[a, b]$. 容易验证 $af \in L^p[a, b]$. 因此 $L^p[a, b]$ 是线性空间.

习　题

1. 设 X 和 Y 同是数域 F 上的线性空间. 记 $X \oplus Y = \{(x, y) \mid x \in X, y \in Y\}$. 对任意 (x_1, y_1), $(x_2, y_2) \in X \oplus Y$ 及 $a \in F$, 定义

$$(x_1, y_1) + (x_2, y_2) = (x_1 + x_2, y_1 + y_2), a(x_1, y_1) = (ax_1, ay_1).$$

证明: $X \oplus Y$ 在这样的线性运算下是线性空间.

2. 设全体正实数集 $\mathbf{R}^+$. 对任意 $a, b \in \mathbf{R}^+$ 及 $k \in \mathbf{R}$, 定义

$$a \oplus b = ab, \quad k \cdot a = a^k.$$

证明: $\mathbf{R}^+$ 在这样的加法和数乘运算下成为实线性空间.

第二节　线性空间中的基本概念

本节我们学习线性空间中的一些基本概念: 线性子空间, 线性相关, 线性无关等. 这些基本概念都是通过线性组合的形式引申出来的. 根据线性空间的维数, 可将线性空间分为有限维线性空间和无限维线性空间两类.

一、基本概念

定义 2.2.1（线性组合）　设 $x_1, x_2, \cdots, x_n$ 是线性空间 X 中的向量, $a_1, a_2, \cdots, a_n \in F$, 称

$$a_1 x_1 + a_2 x_2 + \cdots + a_n x_n$$

为向量 x_1，x_2，$\cdots$，x_n 的一个线性组合.

定义 2.2.2（线性相关，线性无关） 设 x_1，x_2，$\cdots$，x_n 是线性空间 X 中的向量. 如果存在非零 a_1，a_2，$\cdots$，$a_n \in F$，使

$$a_1 x_1 + a_2 x_2 + \cdots + a_n x_n = 0,$$

则称 x_1，x_2，$\cdots$，x_n 线性相关. 否则称 x_1，x_2，$\cdots$，x_n 线性无关.

注 2.2.1 x_1，x_2，$\cdots$，x_n 线性无关当且仅当对任意 a_1，a_2，$\cdots$，$a_n \in F$，若

$$a_1 x_1 + a_2 x_2 + \cdots + a_n x_n = 0,$$

则必有 $a_1 = a_2 = \cdots = a_n = 0$.

注 2.2.2 线性无关与线性相关与所取数域有关. 在实数域上，线性无关的向量组在复数域中可能线性相关.

定义 2.2.3（线性无关子集） 设 E 是线性空间 X 的一个子集. 如果 E 中任意有限个向量都线性无关，则称 E 是 X 中的线性无关子集.

定义 2.2.4（线性子空间） 设 X 是线性空间，Y 是 X 的非空子集. 如果对任意 x，$y \in Y$ 及 $a \in F$，都有 $x + y \in Y$ 及 $ax \in Y$，那么 Y 按 X 中加法及数乘运算也成为线性空间，称 Y 为 X 的子空间. 若 $Y \neq X$，则称 Y 是 X 的真子空间.

X 和 $\{0\}$ 是 X 的两个子空间，称为 X 的平凡子空间.

注 2.2.3 度量空间 (X, d) 的任意非空子集 E，按照距离 d 也是一个度量空间，称为 X 的子空间. 也就是说，度量空间的子集即是子空间. 而线性空间的子空间是对线性运算封闭的子集.

定义 2.2.5（线性包） 设 E 为 X 的一个非空子集. E 中任意有限个向量的线性组合全体记为 span E，称为由 E 张成的线性包. 即

$$\text{span } E = \left\{ x \in X \mid \exists n, 1 \leqslant k \leqslant n, x_k \in E, a_k \in F, x = \sum_{k=1}^{n} a_k x_k \right\}.$$

注 2.2.4 span E 是 X 的线性子空间，并且是 X 中包含 E 的最小线性子空间. 即若 Y 是 X 中包含 E 的线性子空间，那么必有 span $E \subset Y$.

定义 2.2.6（直和） 设 Y，Z 是线性空间 X 的两个子空间且 $Y \cap Z = \{0\}$. 若对任意 $x \in X$，存在 $y \in Y$ 和 $z \in Z$，使得 $x = y + z$，则称 X 是 Y 和 Z 的直和，记为

$$X = Y \dotplus Z.$$

称 Y 和 Z 互为代数补空间.

二、有限维线性空间与无限维线性空间

定义 2.2.7（有限维线性空间，无限维线性空间） 设 X 是线性空间. 若 X 中存在线性无关的有限子集 E，且

$$\text{span } E = X,$$

则称 X 为有限维线性空间，称 E 为 X 的一组基. E 中向量的个数称为 X 的维数，记为 $\dim X$. 否则称 X 为无限维线性空间.

如果 X 只含零向量，称 X 为零维线性空间.

注 2.2.5 任何有限维线性空间的维数不随基的不同而改变.

例 2.2.1 F^n 是有限维线性空间.

由高等代数知识可知，$e_1 = (1, 0, 0, \cdots, 0)$, $e_2 = (0, 1, 0, \cdots, 0)$,$\cdots$, $e_n = (0, 0, 0, \cdots, 1)$ 是 F^n 的一组基. 因此 F^n 是 n 维线性空间.

例 2.2.2 $C[a, b]$ 是无限维线性空间.

对任意 n，令 $e_n(t) = t^n$, $t \in [a, b]$，则 $\{e_n\}$ 是 $C[a, b]$ 中的线性无关子集. 若 $C[a, b]$ 是有限维的，不妨设 $\dim C[a, b] = m$, $f_1, f_2, \cdots, f_m$ 是 $C[a, b]$ 的一组基，则 $\{e_n\}$ 中任意 $m + 1$ 个不同的向量都可以由 f_1, $f_2, \cdots, f_m$ 线性表示. 由高等代数知识可知，这 $m + 1$ 个不同的向量是线性相关的，矛盾. 因此 $C[a, b]$ 是无限维线性空间.

习　题

1. 设 X 是线性空间，$0 \neq x \in X$. 证明：$\text{span } \{x\} = \{ax \mid a \in F\}$.
2. 设 Y 是线性空间 X 的子空间，$x \in X$ 且 $x \notin Y$. 证明：
$$\text{span } (Y \cup \{x\}) = \{z + ax \mid z \in Y, \ a \in F\}.$$
3. 写出 $\mathbf{R}^3$ 的所有 2 维子空间和 1 维子空间.
4. 设 X 是线性空间，$X = Y \dotplus Z$. 证明：对任意 $x \in X$，其关于 Y 和 Z 的直和分解是唯一的.

第三节　线性算子

本节学习线性空间之间的与它们的线性结构相适应的映射——线性算子.

一、线性算子的定义

定义 2.3.1（线性算子）　设 X 和 Y 是两个同为数域 F 上的线性空间，T 为 X 到 Y 中的映射. 如果对任意 x，$y \in X$ 及 $a \in F$，有
$$T(x + y) = Tx + Ty, \quad T(ax) = aTx,$$
则称 T 为从 X 到 Y 中的线性算子. X 称为 T 的定义域，记为 $D(T)$，$TX = \{Tx, x \in X\}$ 称为 T 的值域，记为 $R(T)$.

记 $\ker(T) = \{x \in X \mid Tx = 0\}$，容易验证 $0 \in \ker(T)$ 且 $\ker(T)$ 是 X 的子空间，称 $\ker(T)$ 为 T 的零空间或核空间. 实际上，$\ker(T) = T^{-1}\{0\}$.

二、线性算子的例子

例 2.3.1　相似算子.

设 X 是线性空间，a 是一给定的数. 定义
$$T:X \to X,$$
$$x \mapsto ax.$$

由线性空间的定义，对任意 $x \in X$，$ax \in X$，则 T 是 X 到其自身的映射. 同样，由线性空间的定义容易验证 T 是 X 到其自身的线性算子. 特别地，当 $a = 1$ 时，称为恒等算子，记为 I；当 $a = 0$ 时，称为零算子，记为 O.

例 2.3.2　由微分定义的线性算子.

定义
$$T:C^1[a, b] \to C[a, b],$$
$$x \mapsto x'.$$
即 $(Tx)(t) = x'(t)$，$t \in [a, b]$.

显然，对任意 $x \in C^1[a, b]$，$x' \in C[a, b]$，则 T 是 $C^1[a, b]$ 到 $C[a, b]$ 的映射. 利用求导运算的线性性质可得，T 是 $C^1[a, b]$ 到 $C[a, b]$ 的线性算子.

例 2.3.3 由积分定义的线性算子.

定义

$$T:C[a, b] \to C[a, b],$$

$$x \mapsto Tx,$$

其中 $(Tx)(t) = \int_a^t x(s)\mathrm{d}s, a \le t \le b.$

由变限积分的性质知，对任意 $x \in C[a, b]$，$Tx \in C[a, b]$，则 T 是 $C[a, b]$ 到其自身的映射. 再利用变限积分的线性性质可得，T 是 $C[a, b]$ 到其自身的线性算子.

例 2.3.4 有限维线性空间之间的线性算子.

设 X 和 Y 分别是数域 F 上的 n 维和 m 维线性空间，$\{e_1, e_2, \cdots, e_n\}$ 和 $\{f_1, f_2, \cdots, f_m\}$ 分别是 X 和 Y 的一组基. 任取 $m \times n$ 矩阵 (a_{ij})，对任意 $x = \xi_1 e_1 + \xi_2 e_2 + \cdots + \xi_n e_n \in X$，令

$$\begin{pmatrix} \eta_1 \\ \eta_2 \\ \vdots \\ \eta_m \end{pmatrix} = \begin{pmatrix} a_{11} & a_{12} & \cdots & a_{1n} \\ a_{21} & a_{22} & \cdots & a_{2n} \\ \vdots & \vdots & \vdots & \vdots \\ a_{m1} & a_{m2} & \cdots & a_{mn} \end{pmatrix} \begin{pmatrix} \xi_1 \\ \xi_2 \\ \vdots \\ \xi_n \end{pmatrix}.$$

定义

$$T:X \to Y,$$

$$x = \xi_1 e_1 + \xi_2 e_2 + \cdots + \xi_n e_n \mapsto \eta_1 f_1 + \eta_2 f_2 + \cdots + \eta_m f_m,$$

则 T 是从 X 到 Y 中线性算子.

注 2.3.1 可以验证，在固定的基下，有限维线性空间之间的线性算子都可以通过例 2.3.4 中矩阵的形式来表示. 因此，有限维线性空间上的线性算子论实际上就是矩阵论. 因而无限维线性空间上的线性算子论，在一定意义上是矩阵论的抽象推广.

三、线性同构

定义 2.3.2 设 X 和 Y 是两个同为数域 F 上的线性空间，T 为从 X 到 Y 中的线性算子. 若 T 是一一到上的，则称 T 为从 X 到 Y 中的同构映射，此时称 X 和 Y 同构.

命题2.3.1　设 X 和 Y 是两个同为数域 F 上的线性空间，T 为从 X 到 Y 中的线性算子. 若 T 是一一到上的，则 T^{-1} 是从 Y 到 X 中的线性算子.

命题2.3.2　数域 F 上的 n 维线性空间与 F^n 同构.

证明：设 X 是数域 F 上的 n 维线性空间，$e_1, e_2, \cdots, e_n$ 是 X 的一组基. 定义

$$T: X \to F^n,$$

$$x = \sum_{k=1}^{n} \xi_k e_k \to (\xi_1, \xi_2, \cdots, \xi_n).$$

容易验证，T 是从 X 到 F^n 中的同构映射. **证毕.**

习　题

1. 设 X 和 Y 是两个同为数域 F 上的线性空间，T, S 为 X 到 Y 中的线性算子，$a \in F$. 定义

$$(T+S)(x) = Tx + Sx, \quad (aT)(x) = a(Tx), \quad x \in X.$$

证明：$T+S$ 和 aT 都是从 X 到 Y 中的线性算子. 若记 $L(X, Y)$ 为从 X 到 Y 中的线性算子全体，则 $L(X, Y)$ 在如上定义的加法和数乘运算下成为线性空间.

2. 设 X, Y, Z 是同为数域 F 上的线性空间，$T \in L(X, Y)$，$S \in L(Y, Z)$. 定义

$$(ST)(x) = S(Tx), \quad x \in X.$$

证明：$ST \in L(X, Z)$.

3. 设 $\sup\limits_{n} |a_n| < \infty$. 定义 $l^p (p > 0)$ 上的映射 T：对任意 $x = (\xi_1, \xi_2, \cdots, \xi_k, \cdots) \in l^p$，

$$Tx = (a_1\xi_1, a_2\xi_2, \cdots, a_k\xi_k, \cdots).$$

证明：T 是从 l^p 到其自身的线性算子，并通过无限矩阵的形式将 T 表示出来.

4. 设 X 和 Y 同是数域 F 上的线性空间. 定义

$$P: X \oplus Y \to X, \quad P(x, y) = x, \quad (x, y) \in X \oplus Y.$$

证明：P 是从 $X \oplus Y$ 到 X 中的线性算子.

第四节　线性泛函与 Hahn-Banach 泛函延拓定理

值域是数域的线性算子，被称为线性泛函. 关于线性泛函的一个基本问题是其存在性问题，即任意线性空间上是否存在非平凡的线性泛函. 在本节，我们主要学习的 Hahn-Banach 定理解决了这一问题.

一、线性泛函的定义

定义 2.4.1（线性泛函）　设 X 是数域 F 上的线性空间，φ 为 X 到 F 中的映射. 如果对任意 x, $y \in X$ 及 $a \in F$，有

$$\varphi(x+y) = \varphi(x) + \varphi(y), \quad \varphi(ax) = a\varphi(x),$$

则称 φ 为 X 上的线性泛函.

二、线性泛函的例子

例 2.4.1　由微分定义的线性泛函.

固定 $t_0 \in (a, b)$. 定义

$$\varphi : C^1[a, b] \to F,$$
$$x \mapsto x'(t_0),$$

则 φ 是 $C^1[a, b]$ 上的线性泛函.

例 2.4.2　由积分定义的线性泛函.

设 $k \in C[a, b]$. 定义

$$\varphi : C[a, b] \to F,$$
$$x \mapsto \int_a^b k(t)x(t)\,\mathrm{d}t,$$

则 φ 是 $C[a, b]$ 上的线性泛函.

例 2.4.3　有限维线性空间上的线性泛函.

设 X 是数域 F 上的 n 维线性空间，$\{e_1, e_2, \cdots, e_n\}$ 是 X 的一组基. 任取 $1 \times n$ 行向量 $(a_1, a_2, \cdots, a_n)$. 定义

$$\varphi : X \to F,$$
$$x = \xi_1 e_1 + \xi_2 e_2 + \cdots + \xi_n e_n \mapsto \xi_1 a_1 + \xi_2 a_2 + \cdots + \xi_n a_n,$$

则 φ 是 X 上的线性泛函.

注 2.4.1　可以验证，在固定的基下，有限维线性空间上的线性泛函都可以通过例 2.4.3 中的形式来表示.

三、Hahn-Banach 泛函延拓定理

对于有限维线性空间，例 2.4.3 告诉我们，在固定一组基的前提下，其上线性泛函与行向量一一对应；但对于无限维线性空间，其上非平凡线性泛函的存在性并不是显然的. 那么如何确定无限维线性空间上存在非平凡线性泛函呢？一个思路是：既然已经知道有限维线性空间上存在非平凡的线性泛函，则可以将"无限维线性空间上是否存在非平凡线性泛函"的问题转化为"能否将无限维线性空间中的有限维子空间上的线性泛函延拓到整个空间上"的问题. 为了应用的广泛性，这一问题又可以转化为"能否将无限维线性空间中子空间上的线性泛函在一定限制条件下延拓到整个空间上"的问题. Hahn-Banach 泛函延拓定理给出了这一问题的肯定回答.

定义 2.4.2（次线性泛函）　设 X 是线性空间，p 是定义在 X 上的非负泛函，且满足：

（1）（次可加性）对任意 x，$y \in X$，$p(x + y) \leqslant p(x) + p(y)$；

（2）（齐次性）对任意 $x \in X$ 及 $a \in F$，$p(ax) = |a| p(x)$，

则称 p 为 X 上的次线性泛函.

定理 2.4.1（实线性空间上的 Hahn-Banach 泛函延拓定理 1）　设 X 是实线性空间，$p(x)$ 是 X 上的次线性泛函，X_0 是 X 的子空间. 若 φ_0 是 X_0 上的实线性泛函且对任意 $z \in X_0$，$\varphi_0(z) \leqslant p(z)$，则存在 X 上的实线性泛函 φ，使得当 $z \in X_0$ 时，有 $\varphi(z) = \varphi_0(z)$，且对任意 $x \in X$，$\varphi(x) \leqslant p(x)$.

证明：不妨设 $X_0 \neq X$，否则取 $\varphi = \varphi_0$ 即可. 将证明分为两步.

（1）任取 $x_1 \in X$ 且 $x_1 \notin X_0$. 记 $X_1 = \text{span}\{X_0 \cup \{x_1\}\}$，则存在 X_1 上的实线性泛函 φ_1，使得当 $z \in X_0$ 时，有 $\varphi_1(z) = \varphi_0(z)$，且对任意 $x \in X_1$，$\varphi_1(x) \leqslant p(x)$.

由本章第一节习题 2 知，$X_1 = \{z + ax_1 \mid z \in X_0, a \in \mathbf{R}\}$. 对任意 $c \in \mathbf{R}$，定义 X_1 上的泛函 φ 为

$$\varphi(z + ax_0) = \varphi_0(z) + ac, \quad z \in X_0, \ a \in \mathbf{R}. \tag{2-1}$$

可验证，φ 是 X_1 上的线性泛函且当 $z \in X_0$ 时，有 $\varphi(z) = \varphi_0(z)$. 因此，现在的问题转化为是否存在 $c \in \mathbf{R}$，使得对任意 $z \in X_0$，$a \in \mathbf{R}$，

$$\varphi_0(z) + ac \leqslant p(z + ax_0).$$

若这样的 c 存在，则 c 需满足以下两个条件.

$$c \leqslant \frac{1}{a}[p(z + ax_0) - \varphi_0(z)] = p\left(\frac{z}{a} + x_0\right) - \varphi_0\left(\frac{z}{a}\right), z \in X_0, a > 0$$

$$c \geqslant \frac{1}{a}[p(z + ax_0) - \varphi_0(z)] = -p\left(\frac{z}{a} + x_0\right) - \varphi_0\left(\frac{z}{a}\right), z \in X_0, a > 0.$$

因为 $\left\{\dfrac{z}{a} \,\middle|\, z \in X_0,\ a > 0\right\} = \left\{\dfrac{z}{a} \,\middle|\, z \in X_0,\ a < 0\right\} = X_0$，所以上面两个条件即为

$$c \leqslant p(z + x_0) - \varphi_0(z), c \geqslant -p(z + x_0) - \varphi_0(z), z \in X_0.$$

因此，c 要满足条件

$$\sup_{z \in Z}\left\{-p(z + x_0) - \varphi_0(z)\right\} \leqslant c \leqslant \inf_{z \in Z}\left\{p(z + x_0) - \varphi_0(z)\right\}.$$

因此，c 的存在性问题又转化为不等式

$$\sup_{z \in Z}\left\{-p(z + x_0) - \varphi_0(z)\right\} \leqslant \inf_{z \in Z}\left\{p(z + x_0) - \varphi_0(z)\right\} \qquad (2-2)$$

是否成立?

因为对任意 z_1, $z_2 \in X_0$,

$$
\begin{aligned}
\varphi_0(z_1) - \varphi_0(z_2) = \varphi_0(z_1 - z_2) &\leqslant p(z_1 - z_2) \\
&= p[(z_1 + x_0) - (z_2 + x_0)] \\
&\leqslant p(z_1 + x_0) + p[-(z_2 + x_0)] \\
&= p(z_1 + x_0) + p(z_2 + x_0),
\end{aligned}
$$

即有

$$-p(z_2 + x_0) - \varphi_0(z_2) \leqslant p(z_1 + x_0) - \varphi_0(z_1).$$

因此不等式（2-2）成立.

综上，可取 c，使得不等式（2-2）成立. 由这样的 c 按照式（2-1）定义的 X_1 上的泛函

$$\varphi_1(z + ax_0) = \varphi_0(z) + ac, \ z \in X_0, \ a \in \mathbf{R},$$

不仅是 X_1 上的线性泛函，而且满足条件：当 $z \in X_0$ 时，有 $\varphi_1(z) = \varphi_0(z)$，且对任意 $x \in X_1$, $\varphi_1(x) \leqslant p(x)$.

（2）存在 X 上的实线性泛函 φ，使得当 $z \in X_0$ 时，有 $\varphi(z) = \varphi_0(z)$，且对任意 $x \in X$, $\varphi(x) \leqslant p(x)$.

该结论的证明需要应用 Zorn 引理①，这是集合论中的一个公理. 证明思路为：先构造一个半序集 E，其中 $(Y, \psi) \in E$ 当且仅当 Y 是 X 的子空间，$X_0 \subset Y$，ψ 是 Y 上的线性泛函且对任意 $z \in X_0$，$\psi(z) = \varphi_0(z)$；对任意 $x \in Y$，$\psi(x) \leqslant p(x)$.

显然，$(X_0, \varphi_0) \in E \neq \varnothing$. E 按照关系 $<$ 构成半序集. 对任意 $(Y_1, \psi_1) < (Y_2, \psi_2) \in E$，$[(Y_1, \psi_1) < (Y_2, \psi_2)$ 指的是 $Y_1 \subset Y_2$ 且对任意 $z \in Y_1$，$\psi_2(z) = \psi_1(z)]$ E 满足 Zorn 引理的条件. 因此，由 Zorn 引理知，E 有极大元，不妨设为 $(\tilde{Y}, \tilde{\psi})$. 可以验证 $\tilde{Y} = X$，$\tilde{\psi}$ 即为所求 φ. **证毕.**

定理 2. 4. 2（实线性空间上的 Hahn-Banach 泛函延拓定理 2） 设 X 是实线性空间，$p(x)$ 是 X 上的次线性泛函，X_0 是 X 的子空间. 若 φ_0 是 X_0 上的实线性泛函且对任意 $z \in X_0$，$|\varphi_0(z)| \leqslant p(z)$，则存在 X 上的实线性泛函 φ，使得当 $z \in X_0$ 时，有 $\varphi(z) = \varphi_0(z)$，且对任意 $x \in X$，$|\varphi(x)| \leqslant p(x)$.

证明： 因为对任意 $z \in X_0$，有 $\varphi_0(z) \leqslant |\varphi_0(z)| \leqslant p(z)$，所以 φ_0 满足定理 2. 4. 1 的条件. 由定理 2. 4. 1 知，存在 X 上的实线性泛函 φ，使得当 $z \in X_0$ 时，有 $\varphi(z) = \varphi_0(z)$，且对任意 $x \in X$，$\varphi(x) \leqslant p(x)$.

因为对任意 $x \in X$，

$$-\varphi(x) = \varphi(-x) \leqslant p(-x) = p(x),$$

所以对任意 $x \in X$，$|\varphi(x)| \leqslant p(x)$. **证毕.**

定理 2. 4. 3（复线性空间上的 Hahn-Banach 泛函延拓定理） 设 X 是复线性空间，$p(x)$ 是 X 上的次线性泛函，X_0 是 X 的子空间. 若 φ_0 是 X_0 上的复线性泛函且对任意 $z \in X_0$，$|\varphi_0(z)| \leqslant p(z)$，则存在 X 上的复线性泛函 φ，使得当 $z \in X_0$ 时，有 $\varphi(z) = \varphi_0(z)$，且对任意 $x \in X$，$|\varphi(x)| \leqslant p(x)$.

证明： 因为复线性空间一定是实线性空间（注 2. 1. 2），所以首先将 X 看作实线性空间. 令 $\varphi_1 = \text{Re} \, \varphi_0$，$\varphi_2 = \text{Im} \, \varphi_0$，则对任意 $z \in X_0$，$\varphi_0(z) = \varphi_1(z) + \text{i}\varphi_2(z)$（i 是虚根单位），且 φ_1，φ_2 是实线性空间 X 的子空间 X_0 上的实线性泛函，$\varphi_2(z) = \varphi_1(\text{i}z)$，$z \in X_0$，满足条件

$$\varphi_1(z) = \text{Re} \, \varphi_0(z) \leqslant |\varphi_0(z)| \leqslant p(z), z \in X_0,$$

---

① Zorn 引理：设 E 是一个半序集. 如果 E 的每个全序子集都有上界，那么 E 必有极大元.

因此 φ_1 满足定理 2.4.1 中的条件. 由定理 2.4.1, 分别存在 X 上的实线性泛函 $\tilde{\varphi}_1$, 使得当 $z \in X_0$ 时, 有

$$\tilde{\varphi}_1(z) = \varphi_1(z),$$

且对任意 $x \in X$,

$$\tilde{\varphi}_1(x) \leqslant p(x).$$

令

$$\varphi(x) = \tilde{\varphi}_1(x) + \mathrm{i}\,\tilde{\varphi}_1(\mathrm{i}x), x \in X.$$

可验证 φ 是 X 上的复线性泛函（见本节习题 3）. 显然, 对任意 $z \in X_0$, $\varphi(z) = \varphi_0(z)$.

因为对任意 $x \in X$, 存在 $\lambda \in C$, $|\lambda| = 1$, 使得 $|\varphi(x)| = \lambda\varphi(x)$, 所以

$$|\varphi(x)| = \lambda\varphi(x) = \varphi(\lambda x) = \tilde{\varphi}_1(\lambda x) - \mathrm{i}\,\tilde{\varphi}_1(\mathrm{i}\lambda x)$$

$$= \tilde{\varphi}_1(\lambda x) \leqslant p(\lambda x) = p(x).$$

证毕.

定理 2.4.2 和定理 2.4.3 可以合并为一个定理.

定理 2.4.4（线性空间上的 Hahn-Banach 泛函延拓定理） 设 X 是线性空间, $p(x)$ 是 X 上的次线性泛函, X_0 是 X 的子空间. 若 φ_0 是 X_0 上的线性泛函且对任意 $z \in X_0$, $|\varphi_0(z)| \leqslant p(z)$, 则存在 X 上的线性泛函 φ, 使得当 $z \in X_0$ 时, 有 $\varphi(z) = \varphi_0(z)$, 且对任意 $x \in X$, $|\varphi(x)| \leqslant p(x)$.

习　题

1. 设 φ 是线性空间 X 上的非零线性泛函. $x_0 \notin \ker(\varphi)$. 证明: 对任意 $x \in X$, 存在唯一的 $y \in \ker(\varphi)$ 及 $a \in F$, 使得 $x = y + ax_0$.

2. 设 φ 和 ψ 是线性空间 X 上的线性泛函且 $\varphi \neq 0$. 证明: 若 $\ker(\varphi) = \ker(\psi)$, 则存在非零常数 c, 使得 $\varphi = c\psi$.

3. 设 X 是复线性空间. 证明: φ 是 X 上的（复）线性泛函当且仅当存在 X 上的实线性泛函 φ_1, 使得 $\varphi(x) = \varphi_1(x) - \mathrm{i}\varphi_1(\mathrm{i}x)$, $x \in X$.

阅读材料：Fredholm——积分方程理论的革命者

1866 年 4 月 7 日 Erik Ivar Fredholm 出生于瑞典的斯德哥尔摩（Stockholm）. 他的父亲是一名工程师，在电灯替代煤气灯的工业革命中创造了自己的财富，因此有能力为 Fredholm 和他的弟弟提供当时最好的教育. Fredholm 于 1927 年 8 月 17 日在他的家乡逝世.[1]

年少时的 Fredholm 多才多艺，在学校时就已表现出他的天分. 1885 年，Fredholm 通过中学会考，进入斯德哥尔摩的皇家理工学院

Erik Ivar Fredholm

（Royal Technological Institute）. 在皇家理工学院，Fredholm 对应用数学中的技术问题产生了浓厚兴趣，这一兴趣也贯穿了他的一生. 为了获得博士学位，1886 年，Fredholm 又在乌普萨拉大学（University of Uppsala）注册. 因为乌普萨拉大学是当时瑞典唯一可授予博士学位的大学. 但同时他又在斯德哥尔摩大学跟随 Gösta Mittag-Leffler（1846—1927）学习，因为 Mittag-Leffler 是斯德哥尔摩大学的数学系主任，也是他真正想跟随学习的人. 1893 年，Fredholm 在乌普萨拉大学获得哲学博士学位，并于 1898 年在该校获得科学博士学位.[1]

在 1898 年的博士论文中，Fredholm 已经开始偏微分方程方面的研究. 1899 年，Fredholm 在巴黎访学数月，与法国数学家 Henri Poincare（1854—1912）、Émile Picard（1856—1941）、Jacques Hadamard（1865—1963）等人讨论 Dirichlet 问题. 所有这些促成了他于 1900 年关于积分方程一般理论的成果.[1]

所谓积分方程，是指未知函数出现在积分号内的方程. 求解积分方程即为确定该未知函数. 积分方程一方面直接来源于数学物理中的问题，另一方面也来源于数学物理问题中产生的微分方程的求解过程中，与数学中求解反积分问题也有关联. 积分方程的历史可以追溯到

18 世纪末. 在发展的过程中，形如

$$\int_a^b K(x,y)f(y)\,\mathrm{d}y = \varphi(x)$$

和

$$f(x) + \lambda \int_a^b K(x,y)f(y)\,\mathrm{d}y = \varphi(x) \tag{2.1}$$

的两类积分方程［其中 $K(x,y)$ 和 $\varphi(x)$ 是已知函数，λ 是一个常数，$f(x)$ 是未知函数］逐渐明确起来. 它们分别被称为第一型积分方程和第二型积分方程. 但直到 19 世纪末，关于积分方程求解的一般理论仍被认为是"难以逾越的困难".[2-3]

1900 年，Fredholm 利用意大利数学家 Vito Volterra（1860—1940）从有限维线性方程组极限过渡到积分方程的思想，以及瑞典数学家 Helge von Koch（1870—1924）的无限行列式理论，给出了 $C[a,b]$ 上第二型积分方程（即方程中的函数都属于 $C[a,b]$）的一般求解理论[4]. 首先，利用 Riemann 积分的定义，n 等分闭区间 $[a,b]$，使 $a = x_0 < x_1 < \cdots < x_n = b$. 然后，利用 Riemann 和替代方程（2.1）中的积分形式，得到

$$f(x_i) + \lambda \frac{b-a}{n} \sum_{j=1}^{n} K(x_i, x_j) f(x_j) = \varphi(x_i), \quad i = 1, 2, \cdots, n.$$

这是一个以 $(f(x_1), f(x_2), \cdots, f(x_n))$ 为未知量的 n 元线性方程组，其系数行列式

$$D(n) = \begin{vmatrix} 1 + \alpha k_{11} & \alpha k_{12} & \cdots & \alpha k_{1n} \\ \alpha k_{21} & 1 + \alpha k_{22} & \cdots & \alpha k_{2n} \\ \vdots & \vdots & \vdots & \vdots \\ \alpha k_{n1} & \alpha k_{n2} & \cdots & 1 + \alpha k_{nn} \end{vmatrix},$$

其中，$k_{ij} = K(x_i, x_j)$，$\alpha = \lambda \dfrac{b-a}{n}$. 利用 Koch 的无限行列式理论，Fredholm 求得极限

$$\lim_{n\to\infty}D(n) = 1 + \sum_{m=1}^{\infty}\frac{\lambda^m}{m!}\int_0^1\cdots\int_0^1 K\begin{pmatrix} x_1 & \cdots & x_m \\ x_1 & \cdots & x_m \end{pmatrix}\mathrm{d}x_1\mathrm{d}x_2\cdots\mathrm{d}x_m,$$

$$(2.2)$$

其中, $K\begin{pmatrix} x_1 & \cdots & x_m \\ x_1 & \cdots & x_m \end{pmatrix} = \begin{vmatrix} k_{11} & k_{12} & \cdots & k_{1m} \\ k_{21} & k_{22} & \cdots & k_{2m} \\ \vdots & \vdots & \vdots & \vdots \\ k_{m1} & k_{m2} & \cdots & k_{mm} \end{vmatrix}.$

记 $\Delta(\lambda) = \lim_{n\to\infty}D(n)$. 若 $\Delta(\lambda)\neq 0$, Fredholm 通过构造得到方程 (2.1) 的唯一解. 当 $\Delta(\lambda)=0$ 时, 在 Fredholm 1900 年的论文中只给出了部分结果. 1903 年, Fredholm 进一步完善了他的积分方程理论[5], 给出了方程 (2.1) 在 $\Delta(\lambda)=0$ 时解的完全结论: 若 λ 是 Δ 的 m 阶零点, 则积分方程 (2.1) 所对应的齐次方程

$$f(x) + \lambda\int_a^b K(x,y)f(y)\mathrm{d}y = 0$$

有 m 个线性无关的解 (基础解系), 而且方程 (2.1) 的对偶方程 [即将方程 (2.1) 中的 $K(x,y)$ 替换为 $K(y,x)$ 所得]

$$f(x) + \lambda\int_a^b K(y,x)f(y)\mathrm{d}y = \varphi(x)$$

所对应的齐次方程

$$f(x) + \lambda\int_a^b K(y,x)f(y)\mathrm{d}y = 0$$

也有 m 个线性无关的解: $f_1, f_2, \cdots, f_m$. 特别地, 积分方程 (2.1) 有解当且仅当 $\varphi(x)$ 满足

$$\int_a^b f_j(x)\varphi(x)\mathrm{d}x = 0, \quad j = 1, 2, \cdots, m.$$

Fredholm 关于积分方程解的理论现在被称为 "Fredholm 择一定理 (Fredholm alternative theorem)". 从中可以看出, 这与有限元线性方程组的解结构理论惊人的一致.

Fredholm 关于积分方程一般理论的研究成果 "忽如一夜春风来",

使积分方程求解理论变得"让人喜爱起来",特别是引起了德国数学家 David Hilbert(1862—1943)的关注和兴趣. 经过 Hilbert 的推波助澜,积分方程理论不仅成为 20 世纪初的一个主要研究领域,而且直接导致了泛函分析学科的建立.[2-3,6]

　　Fredholm 不仅担任过斯德哥尔摩大学的校长,而且也在瑞典国家保险公司、国际计量局等多个政府部门或国际机构任职. 然而,由于 Fredholm 对论文的严格要求以及兼任多项社会职务,他的研究成果并不多. 但 Fredholm 一生都在将数学知识和才华运用到现实问题的解决中,他曾为解决有关人寿保险的解约金问题提出了一个优美的数学公式,也曾对小提琴的声学问题展开研究. 他还是瑞典工程师协会的会员,为社会的发展提供科学建议.[1]

参考文献

[1] J J O'Connor,E F Robertson. Erik Ivar Fredholm[EB/OL]. (2002-11-01) [2018-02-02]. http://www-history. mcs. st-andrews. ac. uk/Biographies/Fredholm. html.

[2] J Dieudonné. A history of functional analysis[M]. Amsterdam,New York,Oxford:North-Holland Publishing Company,1981:97-105.

[3]莫里斯·克莱因. 古今数学思想:第 4 册[M]. 邓东皋,张恭庆,等,译. 上海:上海科学技术出版社,2002:133-143.

[4]E I Fredholm. Sur une nouvelle méthode pour la résolution du problème de Dirichlet[M]. Stockholm:Vetenskaps-Akademiens Förk,1900:39-46.

[5]E I Fredholm. Sur une classe d'équations fonctionnelles[J]. Acta Mathematica,1903,27(1):365-390.

[6]李亚亚. 希尔伯特的积分方程理论[D]. 西安:西北大学,2015.

第三章　赋范线性空间与有界线性算子

有了前面两章内容的铺垫，本章学习一类既具有距离结构又具有线性结构的集合——赋范线性空间，以及与其结构相适应的映射——连续线性算子．实际上，在前面两章的学习中，我们已经看到，同一集合既可以在其上定义距离结构使其成为度量空间，又可以引入线性结构使其成为线性空间．特别是在度量空间的一些例子中，其度量的定义直接依赖于其线性结构——数或函数的线性运算．我们从 $\mathbf{R}^n$ 说起．

$\mathbf{R}^n$ 首先是一个线性空间，当 $n=1$，2，3 时，$\mathbf{R}^n$ 中向量的加法和数乘在相应的坐标系中也都具有明确的几何意义．$\mathbf{R}^n$ 中的欧氏距离定义为

$$d(x,y) = \Big(\sum_{k=1}^{n} |x_k - y_k|^2 \Big)^{\frac{1}{2}},$$

$$x = (x_1, x_2, \cdots, x_n), y = (y_1, y_2, \cdots, y_n) \in \mathbf{R}^n.$$

实际上，$d(x,y)$ 正是向量 $x-y$ 的模长．在解析几何的学习中，我们已经知道 $\mathbf{R}^n$ 中的向量都具有模长．因此，$\mathbf{R}^n$ 中的欧氏距离就是由 $\mathbf{R}^n$ 中向量的模长加上线性运算所定义的．

因此，这也启发我们，是否能在线性空间的基础上，给其每个向量赋予一个类似于 $\mathbf{R}^n$ 中向量模长的量，再结合其线性性诱导出距离，从而使这个线性空间也具有距离结构．这就是本章所要学习的赋范线性空间．

本章第一节给出了赋范线性空间的定义．所谓赋范线性空间，顾名思义，就是给线性空间中的每个向量都赋予范数这样一个量之后所得到的空间，而范数正是 $\mathbf{R}^n$ 中向量模长的抽象推广．根据范数与线性关系，便可以在赋范线性空间中诱导出距离结构，而且这两种结构是相融合的．既然赋范线性空间具有相融合的线性结构与距离结构，那么，我们之前学过的关于度量空间与线性空间的所有理论不仅可以应用，而且还会产生更丰富的理论．

与赋范线性空间两种结构相适应,我们考虑赋范线性空间之间的连续线性映射——连续线性算子. 由于连续性与线性性的结合,我们将在本章第二节看到这样的映射具有一种特有的性质——有界性. 特别地,在本章将深入学习有关这类映射的重要性质:一致有界性原理,逆映射定理,泛函延拓定理等. 这些定理的出现成为泛函分析学科得以建立的基石.

第一节 赋范线性空间与 Banach 空间的定义及其例子

本节我们学习赋范线性空间的定义及其例子. 因为赋范线性空间既是线性空间又是度量空间,因此线性空间与度量空间中的基本概念在赋范线性空间都有定义. 特别地,我们将会看到赋范线性空间中的点列与数列在极限方面具有非常相似的性质,且因为线性性的存在,类似于数项级数,我们还可以在赋范线性空间中讨论向量项级数.

一、赋范线性空间中的基本概念

定义 3.1.1(赋范线性空间) 设 X 是数域 F 上的线性空间. 如果对任意 $x \in X$,有一个确定的实数,记为 $\|x\|$,与之对应,且满足:

(1)(正定性)对任意 $x \in X$, $\|x\| \geq 0$,且 $\|x\| = 0$ 当且仅当 $x = 0$;

(2)(齐次性)对任意 $x \in X$ 及 $a \in F$, $\|ax\| = |a| \|x\|$;

(3)(三角不等式性)对任意 $x, y \in X$, $\|x + y\| \leq \|x\| + \|y\|$,

则称 $\|\cdot\|$ 为 X 上的一个范数, $\|x\|$ 为 x 的范数,此时称 X 为赋范线性空间.

注 3.1.1 由三角不等式性,可以得到赋范线性空间 X 中的一个重要不等式,

$$\left| \|x\| - \|y\| \right| \leq \|x \pm y\|, \quad x, y \in X.$$

定理 3.1.1(赋范线性空间是度量空间) 设 X 是赋范线性空间. 对任意 $x, y \in X$,定义

$$d(x, y) = \|x - y\|,$$

则 d 是 X 上的距离.

证明:(1)正定性. 对任意 $x, y \in X$,由 $d(x, y)$ 的定义及范数的正定性有, $d(x, y) \geq 0$,且 $d(x, y) = 0$ 当且仅当 $\|x - y\| = 0$,当且仅当

$x - y = 0$，从而当且仅当 $x = y$.

（2）对称性. 对任意 x, $y \in X$,

$$d(x,y) = \| x - y \| = \| -(y - x) \| = | -1 | \| y - x \| = \| y - x \| = d(y,x).$$

式中第三个等号应用了范数的齐次性.

（3）三角不等式性. 对任意 x, y, $z \in X$,

$$d(x,y) = \| x - y \| = \| (x - z) + (z - y) \|$$
$$\leqslant \| x - z \| + \| z - y \| = d(x,z) + d(z,y),$$

其中，中间的不等式应用了范数的三角不等式性.

综上，由度量空间的定义知，d 是 X 上的距离. **证毕.**

定理 3.1.1 表明，赋范线性空间在其范数诱导的距离下成为度量空间. 这表明，关于度量空间的所有概念、性质等，对赋范线性空间都是适用的. 如可以在赋范线性空间上定义相应的邻域、开集、闭集、收敛点列、Cauchy 列等概念.

定义 3.1.2（赋范线性空间中的收敛点列） 设 X 是赋范线性空间，$\{x_n\} \subset X$, $x \in X$. 若

$$\lim_{n \to \infty} \| x_n - x \| = 0,$$

则称 $\{x_n\}$（按 X 中范数诱导的距离 d）收敛于 x. 记为 $\lim_{n \to \infty} x_n = x$.

定义 3.1.3（赋范线性空间中的 Cauchy 列） 设 X 是赋范线性空间，$\{x_n\} \subset X$. 若对任意 $\varepsilon > 0$，存在正整数 N，当 n, $m > N$ 时，有

$$\| x_n - x_m \| < \varepsilon,$$

则称 $\{x_n\}$ 是 X 中的 Cauchy 列.

定义 3.1.4（赋范线性空间中的向量项级数） 设 X 是赋范线性空间，$\{x_n\} \subset X$. 形式

$$\sum_{n=1}^{\infty} x_n \tag{3-1}$$

称为向量项级数. 令

$$s_n = \sum_{k=1}^{n} x_k,$$

则 s_n 称为级数（3-1）的前 n 项部分和. 相应地，$\{s_n\}$ 称为级数（3-1）的部分和向量列. 若存在 $x \in X$，使得 $\lim_{n \to \infty} s_n = x$，则称级数（3-1）收敛于 x，

记为 $x = \sum_{n=1}^{\infty} x_n$. 否则称级数（3-1）发散.

类似于收敛数列的性质，对于赋范线性空间中的收敛点列，有下面的结论.

命题 3.1.2（赋范线性空间中的自有连续性） 设 X 是赋范线性空间，$\{x_n\}$，$\{y_n\} \subset X$，x，$y \in X$. 若 $\lim_{n \to \infty} x_n = x$，$\lim_{n \to \infty} y_n = y$，则

（1）$\lim_{n \to \infty} \| x_n \| = \| x \|$；

（2）$\lim_{n \to \infty} (x_n + y_n) = x + y$；

（3）$\lim_{n \to \infty} a_n x_n = ax$，其中 $\{a_n\}$ 是收敛数列且 $\lim_{n \to \infty} a_n = a$.

完备度量空间是一类非常重要的度量空间. 因此，按照其范数诱导距离下完备的赋范线性空间，在赋范线性空间中占有重要地位，此即为 Banach 空间.

二、Banach 空间

定义 3.1.5（Banach 空间） 赋范线性空间 X 在其范数诱导的距离下，作为度量空间是完备的，即 X 中的任一 Cauchy 列都在 X 中收敛，称 X 为完备赋范线性空间. 完备赋范线性空间又称 Banach 空间.

下面给出一个利用向量项级数收敛判断赋范线性空间完备的充要条件.

定理 3.1.3 赋范线性空间 X 是 Banach 空间当且仅当对 X 中的任一向量列 $\{x_n\}$，若 $\sum_{n=1}^{\infty} \| x_n \| < \infty$，则向量项级数 $\sum_{n=1}^{\infty} x_n$ 收敛. 此时，$\left\| \sum_{n=1}^{\infty} x_n \right\| \leqslant \sum_{n=1}^{\infty} \| x_n \|$.

证明："⇒". 设 X 是 Banach 空间. 若 $\{x_n\} \subset X$ 且 $\sum_{n=1}^{\infty} \| x_n \| < \infty$，则对任意 $\varepsilon > 0$，存在正整数 N，当 $m > n > N$ 时，有 $\sum_{k=n+1}^{m} \| x_k \| < \varepsilon$.

令 $s_n = \sum_{k=1}^{n} x_k$，则当 $m > n > N$ 时，有

$$\| s_m - s_n \| = \left\| \sum_{k=n+1}^{m} x_k \right\| \leqslant \sum_{k=n+1}^{m} \| x_k \| < \varepsilon.$$

这表明，$\{s_n\}$ 是 X 中的 Cauchy 列. 因为 X 是 Banach 空间，故存在 $x \in X$ 使得 $\lim\limits_{n \to \infty} s_n = x$，即向量项级数 $\sum\limits_{n=1}^{\infty} x_n$ 收敛.

"$\Leftarrow$". 设 X 是赋范线性空间，且对于 X 中任一满足条件 $\sum\limits_{n=1}^{\infty} \| x_n \| < \infty$ 的向量列 $\{x_n\}$，级数 $\sum\limits_{n=1}^{\infty} x_n$ 收敛.

任取 X 中的 Cauchy 列 $\{x_n\}$. 因为 $\{x_n\}$ 是 Cauchy 列，所以对任意 $\varepsilon > 0$，存在正整数 N，当 $m > n > N$ 时，有

$$\| x_m - x_n \| < \varepsilon.$$

因此，可以在 $\{x_n\}$ 中选取子列 $\left\{ x_{n_k} \right\}$，使得 $\| x_{n_{k+1}} - x_{n_k} \| < \dfrac{\varepsilon}{2^k}$，从而

$$\sum_{k=1}^{\infty} \| x_{n_{k+1}} - x_{n_k} \| < \sum_{k=1}^{\infty} \frac{\varepsilon}{2^k} < \infty.$$

由已知条件得，级数 $\sum\limits_{k=1}^{\infty} (x_{n_{k+1}} - x_{n_k})$ 收敛. 因为 $\sum\limits_{k=1}^{\infty} (x_{n_{k+1}} - x_{n_k}) = \lim\limits_{k \to \infty} (x_{n_k} - x_{n_1})$，所以向量列 $\{x_{n_k}\}$ 收敛. 由第一章命题 1.2.3 知，Cauchy 列 $\{x_n\}$ 在 X 中收敛. 从而 X 中任意 Cauchy 列都在 X 中收敛，X 是 Banach 空间. **证毕.**

三、赋范线性空间，Banach 空间的例子

例 3.1.1 F^n.

在第二章例 2.1.1 中，我们已经知道 F^n 按照通常向量的加法和数乘运算成为线性空间.

对任意 $x = (x_1, x_2, \cdots, x_n) \in F^n$，定义

$$\| x \| = (| x_1 |^2 + | x_2 |^2 + \cdots + | x_n |^2)^{\frac{1}{2}}.$$

可验证，$\| x \|$ 是 x 的范数（注：范数三角不等式性的验证需应用 Cauchy 不等式）. 因此，F^n 在这样的范数定义下成为赋范线性空间.

进一步，对任意 $x = (x_1, x_2, \cdots, x_n)$，$y = (y_1, y_2, \cdots, y_n) \in F^n$，由范数诱导出的距离为

$$d(x, y) = \| x - y \| = \left(\sum_{k=1}^{n} | x_k - y_k |^2 \right)^{\frac{1}{2}}.$$

这一距离与第一章例 1. 2. 3 直接在 F^n 中定义的且使其完备的距离一致. 因此, F^n 在如上定义的范数下是完备赋范线性空间, 即 Banach 空间.

例 3. 1. 2 $C[a, b]$.

在第二章例 2. 1. 2 中, 我们知道 $C[a, b]$ 按照函数通常的加法和数乘运算成为线性空间.

对任意 $x \in C[a, b]$, 定义
$$\| x \| = \max_{a \leqslant t \leqslant b} | x(t) |.$$
可验证, $\| x \|$ 是 x 的范数. 因此, $C[a, b]$ 在这样的范数定义下成为赋范线性空间. 特别地, 对任意 $x, y \in C[a, b]$, 由范数诱导的距离为
$$d(x, y) = \| x - y \| = \max_{a \leqslant t \leqslant b} | x(t) - y(t) |.$$

这一距离与第一章例 1. 2. 5 直接在 $C[a, b]$ 中定义的且使其完备的距离一致. 因此, $C[a, b]$ 在如上定义的范数下是完备赋范线性空间, 即 Banach 空间.

例 3. 1. 3 l^∞.

首先, 易验证 l^∞ 对于数列通常的加法和数乘运算是封闭的, 因此 l^∞ 是线性空间.

对任意 $x = (\xi_1, \xi_2, \cdots, \xi_k, \cdots) \in l^\infty$, 定义
$$\| x \| = \sup_k | \xi_k |.$$
容易验证, $\| x \|$ 是 x 的范数. 因此, l^∞ 在这样的范数定义下成为赋范线性空间. 特别地, 对任意 $x = (\xi_1, \xi_2, \cdots, \xi_k, \cdots)$, $y = (\eta_1, \eta_2, \cdots, \eta_k, \cdots) \in l^\infty$, 由范数诱导的距离为
$$d(x, y) = \| x - y \| = \sup_k | \xi_k - \eta_k |.$$

这一距离与第一章例 1. 2. 4 直接在 l^∞ 中定义的且使其完备的距离一致. 因此, l^∞ 在如上定义的范数下是完备赋范线性空间, 即 Banach 空间.

四、有限维赋范线性空间

定理 3. 1. 4   有限维赋范线性空间是 Banach 空间.

定理 3. 1. 4 的证明需要用到引理 3. 1. 5.

引理 3. 1. 5   设 X 是 n 维赋范线性空间, $e_1, e_2, \cdots, e_n$ 是 X 的一组基. 那么, 必存在正常数 M 和 M', 使得对任意 $x = \sum_{k=1}^{n} \xi_k e_k \in X$,

$$M \parallel x \parallel \leqslant \Big(\sum_{k=1}^{n} |\xi_k|^2 \Big)^{\frac{1}{2}} \leqslant M' \parallel x \parallel .$$

证明： 分两步证明.

（1）存在正常数 M，使得对任意 $x = \sum\limits_{k=1}^{n} \xi_k e_k \in X, M \parallel x \parallel \leqslant \Big(\sum\limits_{k=1}^{n} |\xi_k|^2 \Big)^{\frac{1}{2}}$.

对任意 $x = \sum\limits_{k=1}^{n} \xi_k e_k \in X$，有

$$\parallel x \parallel = \Big\Vert \sum_{k=1}^{n} \xi_k e_k \Big\Vert \leqslant \sum_{k=1}^{n} |\xi_k| \parallel e_k \parallel \leqslant \Big(\sum_{k=1}^{n} |\xi_k|^2 \Big)^{\frac{1}{2}} \Big(\sum_{k=1}^{n} \parallel e_k \parallel^2 \Big)^{\frac{1}{2}}.$$

令 $M = 1 \big/ \Big(\sum\limits_{k=1}^{n} \parallel e_k \parallel^2 \Big)^{\frac{1}{2}}$（因为 e_1，e_2，$\cdots$，e_n 是 X 的一组基，故 $\parallel e_k \parallel \neq 0$，$1 \leqslant k \leqslant n$），则有

$$M \parallel x \parallel \leqslant \Big(\sum_{k=1}^{n} |\xi_k|^2 \Big)^{\frac{1}{2}}.$$

（2）存在正常数 M'，使得对任意 $x = \sum\limits_{k=1}^{n} \xi_k e_k \in X$，$\Big(\sum\limits_{k=1}^{n} |\xi_k|^2 \Big)^{\frac{1}{2}} \leqslant M' \parallel x \parallel$.

记 $S = \Big\{ (\eta_1, \eta_2, \cdots, \eta_n) \Big| \sum\limits_{k=1}^{n} |\eta_k|^2 = 1, \eta_k \in F, 1 \leqslant k \leqslant n \Big\}$. S 是 n 维欧氏空间 F^n 中的单位球面. 定义 $\varphi : S \to \mathbf{R}$ 如下，

$$\varphi(\eta_1, \eta_2, \cdots, \eta_n) = \Big\Vert \sum_{k=1}^{n} \eta_k e_k \Big\Vert, (\eta_1, \eta_2, \cdots, \eta_n) \in S.$$

因为 $\Big\Vert \sum\limits_{k=1}^{n} \eta_k e_k \Big\Vert = 0$ 当且仅当 $\sum\limits_{k=1}^{n} \eta_k e_k = 0$，当且仅当 $\eta_1 = \eta_2 = \cdots = \eta_n = 0$. 因此

$$\varphi(\eta_1, \eta_2, \cdots, \eta_n) > 0, (\eta_1, \eta_2, \cdots, \eta_n) \in S.$$

由注 3.1.1 知，对任意 $(\eta_1, \eta_2, \cdots, \eta_n)$，$(\zeta_1, \zeta_2, \cdots, \zeta_n) \in S$ 有

$$|\varphi(\eta_1, \eta_2, \cdots, \eta_n) - \varphi(\zeta_1, \zeta_2, \cdots, \zeta_n)| \leqslant \Big\Vert \sum_{k=1}^{n} (\eta_k - \zeta_k) e_k \Big\Vert$$

$$\leqslant \Big(\sum_{k=1}^{n} \parallel e_k \parallel^2 \Big)^{\frac{1}{2}} \Big(\sum_{k=1}^{n} |\eta_k - \zeta_k|^2 \Big)^{\frac{1}{2}}.$$

这表明，φ 是 S 上的连续函数. 由数学分析知识可知，φ 在 S 上能达到最小值 m. 由前面的分析知，$m > 0$. 因此，对任意 $(\eta_1, \eta_2, \cdots, \eta_n) \in S$，

$$\Big\Vert \sum_{k=1}^{n} \eta_k e_k \Big\Vert = \varphi(\eta_1, \eta_2, \cdots, \eta_n) \geqslant m.$$

对任意 $x = \sum\limits_{k=1}^{n} \xi_k e_k \in X$ 且 $x \neq 0$，有 ξ_1，ξ_2，$\cdots$，ξ_n 不全为零. 令

$\eta_k = \dfrac{\xi_k}{\left(\sum\limits_{j=1}^{n} |\xi_j|^2 \right)^{\frac{1}{2}}}$，$1 \leqslant k \leqslant n$，则 $(\eta_1$，η_2，$\cdots$，$\eta_n) \in S$，从而有

$$m \leqslant \left\| \sum_{k=1}^{n} \dfrac{\xi_k}{\left(\sum\limits_{j=1}^{n} |\xi_j|^2 \right)^{\frac{1}{2}}} e_k \right\|.$$

令 $M' = \dfrac{1}{m}$，则有

$$\left(\sum_{k=1}^{n} |\xi_k|^2 \right)^{\frac{1}{2}} \leqslant M' \| x \|.$$

显然，上式对 $x = 0$ 自然成立. **证毕.**

（定理 3.1.4 的）证明： 设 X 是 n 维赋范线性空间，e_1，e_2，$\cdots$，e_n 是 X 的一组基. 任取 X 中 Cauchy 列 $\left\{ x_m \mid x_m = \sum\limits_{k=1}^{n} \xi_k^m e_k \right\}$. 由引理 3.1.5 知，存在正常数 M'，对任意 m，p，

$$\left(\sum_{k=1}^{n} |\xi_k^m - \xi_k^p|^2 \right)^{\frac{1}{2}} \leqslant M' \| x_m - x_p \|.$$

这表明，$\{ (\xi_1^m$，ξ_2^m，$\cdots$，$\xi_n^m) \}$ 是 F^n 中的 Cauchy 列. 由例 3.1.1 知，存在 $(\xi_1$，ξ_2，$\cdots$，$\xi_n) \in F^n$，使得

$$\lim_{m \to \infty} (\xi_1^m$，$\xi_2^m$，$\cdots$，$\xi_n^m) = (\xi_1$，$\xi_2$，$\cdots$，$\xi_n).$$

令 $x = \sum\limits_{k=1}^{n} \xi_k e_k$，则 $x \in X$. 由引理 3.1.5 知，存在正常数 M，对任意 m，

$$M \| x_m - x \| \leqslant \left(\sum_{k=1}^{n} |\xi_k^m - \xi_k|^2 \right)^{\frac{1}{2}}.$$

因此，有 $\lim\limits_{m \to \infty} x_m = x$. **证毕.**

五、非完备的赋范线性空间

定理 3.1.4 表明，有限维赋范线性空间都是完备的，但对于无限维赋范线性空间却未必.

例 3.1.4 设 X 表示 $[a, b]$ 上连续函数全体，X 按照函数通常的加法和数乘运算成为线性空间.

对任意 $x \in X$，定义

$$\| x \|_1 = \int_a^b |x(t)| \mathrm{d}t.$$

易证 $\| x \|_1$ 是 x 的范数. 由此范数诱导出的 X 中向量的距离为

$$d_1(x, y) = \int_a^b |x(t) - y(t)| \mathrm{d}t, \ x, y \in X.$$

此时 (X, d_1) 即为第一章的例 1.2.7，(X, d_1) 不是完备的度量空间，因此，$(X, \| \cdot \|_1)$ 不是完备的赋范线性空间.

习　题

1. 设 X 是赋范线性空间. 证明：X 的任何有限维子空间都是闭的.

2. 记 c 表示收敛数列全体，即对任意 $x = (\xi_1, \xi_2, \cdots, \xi_k, \cdots) \in c$，$\lim_{k \to \infty} \xi_k$ 存在. c 按照数列通常的加法和数乘运算成为线性空间. 对任意 $x = (\xi_1, \xi_2, \cdots, \xi_k, \cdots) \in c$，定义

$$\| x \| = \sup_k |\xi_k|.$$

证明：在这样的定义下，c 是 Banach 空间.

3. 记 $c_0 = \left\{ x = (\xi_1, \xi_2, \cdots, \xi_k, \cdots) \mid \lim_{k \to \infty} \xi_k = 0 \right\}$. c_0 按照数列通常的加法和数乘运算成为线性空间. 对任意 $x = (\xi_1, \xi_2, \cdots, \xi_k, \cdots) \in c_0$，定义

$$\| x \| = \sup_k |\xi_k|.$$

证明：在这样的定义下，c_0 是 Banach 空间.

4. 设 X 和 Y 是 Banach 空间. 对任意 $(x, y) \in X \oplus Y$，定义

$$\| (x, y) \| = \| x \| + \| y \|.$$

证明：$X \oplus Y$ 在这样的范数下是 Banach 空间.

第二节　两类重要的 Banach 空间

本节学习两类非常重要的 Banach 空间.

一、$L^p[a, b]$ $(p \geqslant 1)$

在第二章例 2.1.4 中，我们已经知道 $L^p[a, b] = \left\{ f \mid f(t) \text{ 是} [a, b] \right.$

上的可测函数且 $\int_a^b |f(t)|^p \mathrm{d}t < \infty$ }, $L^p[a, b]$ 按照函数通常的加法和数乘运算成为线性空间.

对任意 $f \in L^p[a, b]$, 定义

$$\|f\|_p = (\int_a^b |f(t)|^p \mathrm{d}t)^{\frac{1}{p}}.$$

容易验证, $\|\cdot\|_p$ 满足范数的正定性和齐次性, 但其三角不等式性的验证需要一个重要的不等式——Hölder 不等式.

注 3.2.1 设 $f, g \in L^p[a, b]$. 在 $L^p[a, b]$ 中, $f = g$ 指的是 $f(t) \overset{a.e.}{=\!=\!=} g(t)$, $t \in [a, b]$. 因为几乎处处相等的函数相应的 Lebesgue 积分也是相等的, 所以在 Lebesgue 积分的意义下, 几乎处处相等的函数可看作是同一的. 因此, $\|f\|_p = 0$ 当且仅当 $f = 0$ 指的是, $\|f\|_p = 0$ 当且仅当 $f(t) \overset{a.e.}{=\!=\!=} 0$, $t \in [a, b]$.

引理 3.2.1 (Hölder 不等式) 设 $p > 1$, $\frac{1}{p} + \frac{1}{q} = 1$. 若 $f \in L^p[a, b]$, $g \in L^q[a, b]$, 则

$$\int_a^b |f(t)g(t)| \mathrm{d}t \leqslant \|f\|_p \|g\|_q. \tag{3-2}$$

在证明 Hölder 不等式之前, 先证明一个简单的重要不等式.

设 $A \geqslant 0$, $B \geqslant 0$, $p > 1$, $\frac{1}{p} + \frac{1}{q} = 1$, 则

$$A^{\frac{1}{p}} B^{\frac{1}{q}} \leqslant \frac{1}{p}A + \frac{1}{q}B. \tag{3-3}$$

这是因为, 若 $A = 0$ 或 $B = 0$, 结论显然成立. 设 $A > 0$ 且 $B > 0$. 因为 $f(t) = \ln t$ 是 $(0, \infty)$ 上的凹函数, 因此有 $\ln A^{\frac{1}{p}} B^{\frac{1}{q}} = \frac{1}{p}\ln A + \frac{1}{q}\ln B \leqslant \ln\left(\frac{1}{p}A + \frac{1}{q}B\right)$. 又因为 $f(t) = \ln t$ 是 $(0, \infty)$ 上严格单调增加函数, 故有 $A^{\frac{1}{p}} B^{\frac{1}{q}} \leqslant \frac{1}{p}A + \frac{1}{q}B$.

(引理 3.2.1 的) 证明: 若 $\|f\|_p = 0$ 或 $\|g\|_q = 0$, 则 $f \overset{a.e.}{=\!=\!=} 0$ 或 $g \overset{a.e.}{=\!=\!=} 0$, 从而有 $f \cdot g \overset{a.e.}{=\!=\!=} 0$. 因此

$$\int_a^b |f(t)g(t)| \mathrm{d}t = 0 = \|f\|_p \|g\|_q.$$

以下设 $\|f\|_p \neq 0$ 且 $\|g\|_q \neq 0$. 因此，要证明不等式（3-2）成立，即要证明

$$\frac{\int_a^b |f(t)g(t)| \mathrm{d}t}{\|f\|_p \|g\|_q} \leq 1$$

或

$$\int_a^b \frac{|f(t)g(t)|}{\|f\|_p \|g\|_q} \mathrm{d}t \leq 1.$$

也即

$$\int_a^b \left(\frac{|f(t)|^p}{\int_a^b |f(t)|^p \mathrm{d}t}\right)^{\frac{1}{p}} \left(\frac{|g(t)|^q}{\int_a^b |g(t)|^q \mathrm{d}t}\right)^{\frac{1}{q}} \mathrm{d}t \leq 1. \qquad (3-4)$$

由不等式（3-3），有

$$\left(\frac{|f(t)|^p}{\int_a^b |f(t)|^p \mathrm{d}t}\right)^{\frac{1}{p}} \left(\frac{|g(t)|^q}{\int_a^b |g(t)|^q \mathrm{d}t}\right)^{\frac{1}{q}} \leq \frac{1}{p}\frac{|f(t)|^p}{\int_a^b |f(t)|^p \mathrm{d}t} + \frac{1}{q}\frac{|g(t)|^q}{\int_a^b |g(t)|^q \mathrm{d}t}$$

两边同时关于变量 t 积分，得

$$\int_a^b \left(\frac{|f(t)|^p}{\int_a^b |f(t)|^p \mathrm{d}t}\right)^{\frac{1}{p}} \left(\frac{|g(t)|^q}{\int_a^b |g(t)|^q \mathrm{d}t}\right)^{\frac{1}{q}} \mathrm{d}t \leq \frac{1}{p}\int_a^b \frac{|f(t)|^p}{\int_a^b |f(t)|^p \mathrm{d}t} \mathrm{d}t +$$

$$\frac{1}{q}\int_a^b \frac{|g(t)|^q}{\int_a^b |g(t)|^q \mathrm{d}t} \mathrm{d}t = \frac{1}{p} + \frac{1}{q} = 1.$$

因此，不等式（3-4）得证，从而不等式（3-2）得证. **证毕.**

利用 Hölder 不等式即可证明 $L^p[a, b]$ 中 $\|\cdot\|_p$ 的三角不等式性，即为下面的 Minkowski 不等式.

引理 3.2.2（Minkowski 不等式）　设 $p \geq 1$. 若 $f, g \in L^p[a, b]$，则 $f+g \in L^p[a, b]$ 且

$$\|f+g\|_p \leq \|f\|_p + \|g\|_p.$$

证明：设 $p = 1$. 因为

$$|f(t) + g(t)| \leq |f(t)| + |g(t)|, \quad t \in [a, b],$$

两边同时关于 t 积分，得

$$\int_a^b |f(t) + g(t)| \mathrm{d}t \le \int_a^b |f(t)| \mathrm{d}t + \int_a^b |g(t)| \mathrm{d}t.$$

即为 $\|f+g\|_1 \le \|f\|_1 + \|g\|_1$.

设 $p > 1$，则 $p - 1 > 0$. 令 $\dfrac{1}{p} + \dfrac{1}{q} = 1$，则 $p + q = pq$. 因此

$$\int_a^b \left(|f(t) + g(t)|^{p-1}\right)^q \mathrm{d}t = \int_a^b |f(t) + g(t)|^p \mathrm{d}t < \infty.$$

这表明，$|f+g|^{p-1} \in L^q[a, b]$ 且 $\||f+g|^{p-1}\|_q = \|f+g\|_p^{\frac{p}{q}}$. 由引理 3.2.1 得

$$\int_a^b |f(t)| |f(t) + g(t)|^{p-1} \mathrm{d}t \le \|f\|_p \||f+g|^{p-1}\|_q = \|f\|_p \|f+g\|_p^{\frac{p}{q}},$$

$$\int_a^b |g(t)| |f(t) + g(t)|^{p-1} \mathrm{d}t \le \|g\|_p \||f+g|^{p-1}\|_q = \|f\|_p \|f+g\|_p^{\frac{p}{q}}.$$

因此

$$
\begin{aligned}
\|f+g\|_p^p &= \int_a^b |f(t) + g(t)|^p \mathrm{d}t = \int_a^b |f(t) + g(t)| |f(t) + g(t)|^{p-1} \mathrm{d}t \\
&\le \int_a^b (|f(t)| + |g(t)|) |f(t) + g(t)|^{p-1} \mathrm{d}t \\
&= \int_a^b |f(t)| |f(t) + g(t)|^{p-1} \mathrm{d}t + \int_a^b |g(t)| |f(t) + g(t)|^{p-1} \mathrm{d}t \\
&\le \|f\|_p \|f+g\|_p^{\frac{p}{q}} + \|g\|_p \|f+g\|_p^{\frac{p}{q}} \\
&= (\|f\|_p + \|g\|_p) \|f+g\|_p^{\frac{p}{q}}.
\end{aligned}
$$

若 $\|f+g\|_p \neq 0$，在上式两边同时除以 $\|f+g\|_p$，利用 $p - \dfrac{p}{q} = 1$，即得

$$\|f+g\|_p \le \|f\|_p + \|g\|_p.$$

若 $\|f+g\|_p = 0$，则不等式 $\|f+g\|_p \le \|f\|_p + \|g\|_p$ 自然成立. **证毕.**

综合以上分析，得到下面的结论.

定理 3.2.3 $L^p[a, b]$ $(p \ge 1)$ 按范数 $\|\cdot\|_p$ 成为赋范线性空间.

进一步，我们考虑 $L^p[a, b]$ 的完备性.

定理 3.2.4 $L^p[a, b]$ $(p \ge 1)$ 是 Banach 空间.

证明： 任取 $L^p[a, b]$ 中的 Cauchy 列 $\{f_n\}$，则对任意 $\varepsilon > 0$，存在正整

数 N，当 n，$m > N$ 时，有

$$\|f_n - f_m\|_p < \varepsilon. \tag{3-5}$$

取 $\varepsilon = 1$，$\dfrac{1}{2^2}$，$\cdots$，$\dfrac{1}{2^k}$，$\cdots$，相应地存在 $N_1 < N_2 < \cdots < N_k < \cdots$，使得当 n，$m > N_k$ 时，

$$\|f_n - f_m\|_p < \frac{1}{2^k}.$$

取 $\{f_n\}$ 的子列 $\{f_{n_k}\}$ 使得 $n_k > N_k$，则有

$$\|f_{n_{k+1}} - f_{n_k}\|_p < \frac{1}{2^k}.$$

由 Hölder 不等式得，

$$\int_a^b |f_{n_{k+1}}(t) - f_{n_k}(t)| \mathrm{d}t \leqslant \|f_{n_{k+1}} - f_{n_k}\|_p (b-a)^{\frac{1}{q}},$$

[注：当 $p = 1$ 时，记 $(b-a)^{\frac{1}{q}} = 1$] 所以

$$\sum_{k=1}^{\infty} \int_a^b |f_{n_{k+1}}(t) - f_{n_k}(t)| \mathrm{d}t \leqslant \sum_{k=1}^{\infty} \|f_{n_{k+1}} - f_{n_k}\|_p (b-a)^{\frac{1}{q}}$$

$$\leqslant (b-a)^{\frac{1}{q}} \sum_{k=1}^{\infty} \frac{1}{2^k} < \infty.$$

由逐项积分定理得，

$$\int_a^b \sum_{k=1}^{\infty} |f_{n_{k+1}}(t) - f_{n_k}(t)| \mathrm{d}t = \sum_{k=1}^{\infty} \int_a^b |f_{n_{k+1}}(t) - f_{n_k}(t)| \mathrm{d}t,$$

这表明，$\sum_{k=1}^{\infty} |f_{n_{k+1}}(t) - f_{n_k}(t)|$ 在 $[a, b]$ 上 Lebesgue 可积. 因此，$\sum_{k=1}^{\infty} |f_{n_{k+1}}(t) - f_{n_k}(t)| \overset{a.e.}{<} \infty$. 从而

$$\left| \sum_{k=1}^{\infty} (f_{n_{k+1}}(t) - f_{n_k}(t)) \right| \overset{a.e.}{<} \infty.$$

令 $g(t) = \sum_{k=1}^{\infty} [f_{n_{k+1}}(t) - f_{n_k}(t)]$，则 $g(t) \overset{a.e.}{<} \infty$ 且

$$g(t) = \lim_{m \to \infty} \sum_{k=1}^{m} [f_{n_{k+1}}(t) - f_{n_k}(t)] = \lim_{m \to \infty} [f_{n_{m+1}}(t) - f_{n_1}(t)].$$

令 $f(t) = g(t) + f_{n_1}(t)$，则 $\lim_{m \to \infty} f_{n_{m+1}}(t) = f(t)$. 因此

$$\left[\int_a^b |f(t)|^p \mathrm{d}t \right]^{\frac{1}{p}} = \left[\int_a^b \lim_{k \to \infty} |f_{n_k}(t)|^p \mathrm{d}t \right]^{\frac{1}{p}}$$

$$\leqslant \Big[\varliminf_{k \to \infty} \int_a^b |f_{n_k}(t)|^p \mathrm{d}t \Big]^{\frac{1}{p}} \text{（由 Fatou 引理得）}$$

$$= \varliminf_{k \to \infty} \Big[\int_a^b |f_{n_k}(t)|^p \mathrm{d}t \Big]^{\frac{1}{p}}$$

$$= \varliminf_{k \to \infty} \|f_{n_k}\|_p < \infty . \text{（因为 Cauchy 列是有界的）}$$

这表明，$f \in L^p[a, b]$. 又因为

$$\|f_n - f\|_p = \Big[\int_a^b |f_n(t) - f(t)|^p \mathrm{d}t \Big]^{\frac{1}{p}}$$

$$= \Big[\int_a^b \lim_{k \to \infty} |f_n(t) - f_{n_k}(t)|^p \mathrm{d}t \Big]^{\frac{1}{p}}$$

$$\leqslant \Big[\varliminf_{k \to \infty} \int_a^b |f_n(t) - f_{n_k}(t)|^p \mathrm{d}t \Big]^{\frac{1}{p}} \text{（由 Fatou 引理得）}$$

$$= \varliminf_{k \to \infty} \Big[\int_a^b |f_n(t) - f_{n_k}(t)|^p \mathrm{d}t \Big]^{\frac{1}{p}}$$

$$= \varliminf_{k \to \infty} \|f_n - f_{n_k}\|_p ,$$

且当 $n, k > N$ 时，由式（3-5）知，$\|f_n - f_{n_k}\|_p < \varepsilon$. 因此，当 $n > N$ 时，有 $\|f_n - f\|_p \leqslant \varepsilon$. 即

$$\lim_{n \to \infty} f_n = f.$$

这表明，$L^p[a, b]$ 中的任一 Cauchy 列都在 $L^p[a, b]$ 中收敛，因此，$L^p[a, b]$完备，即 $L^p[a, b]$ 是 Banach 空间. **证毕**.

二、l^p $(p \geqslant 1)$

在第二章例 2.1.3 中，我们已经知道

$$l^p = \Big\{ x = (\xi_1, \xi_2, \cdots, \xi_k, \cdots) \,\Big|\, \sum_{k=1}^{\infty} |\xi_k|^p < \infty \Big\},$$

且 l^p 按照数列通常的加法和数乘运算成为线性空间.

对任意 $x = (\xi_1, \xi_2, \cdots, \xi_k, \cdots) \in l^p$，定义

$$\|x\|_p = \Big(\sum_{k=1}^{\infty} |\xi_k|^p \Big)^{\frac{1}{p}}.$$

容易验证，$\|\cdot\|_p$ 满足范数的正定性和齐次性. 与 $L^p[a, b]$ 中范数三角不等式性的验证相似，也有相应的 Hölder 不等式与 Minkowski 不等式，即下面的引理 3.2.5 与引理 3.2.6，其证明方法也相似，此处略去.

引理 3.2.5 设 $p > 1$，$\dfrac{1}{p} + \dfrac{1}{q} = 1$. 若 $x = (\xi_1, \xi_2, \cdots, \xi_k, \cdots) \in l^p$，$y = (\eta_1, \eta_2, \cdots, \eta_k, \cdots) \in l^q$，则

$$\sum_{k=1}^{\infty} |\xi_k \eta_k| \leqslant \left(\sum_{k=1}^{\infty} |\xi_k|^p\right)^{\frac{1}{p}} \left(\sum_{k=1}^{\infty} |\eta_k|^q\right)^{\frac{1}{q}}.$$

引理 3.2.6 设 $p \geqslant 1$，$x, y \in l^p$，则

$$\| x + y \|_p \leqslant \| x \|_p + \| y \|_p.$$

进一步还可以证明 $l^p (p \geqslant 1)$ 在范数 $\| \cdot \|_p$ 下的完备性.

定理 3.2.7 $l^p (p \geqslant 1)$ 是 Banach 空间.

注 3.2.2 当 $0 < p < 1$ 时，$L^p[a, b]$ 和 l^p 按照如上定义的 $\| f \|_p (f \in L^p[a, b])$ 和 $\| x \|_p (x \in l^p)$，并不满足范数的三角不等式性. 如取 $p = \dfrac{1}{2}$，$a = 0$，$b = 1$. 令

$$f(t) = \begin{cases} 1, & 0 < t < \dfrac{1}{2} \\ 0, & \dfrac{1}{2} < t < 1 \end{cases}, \quad g(t) = \begin{cases} 0, & 0 < t < \dfrac{1}{2} \\ 1, & \dfrac{1}{2} < t < 1 \end{cases},$$

则 $f, g \in L^{\frac{1}{2}}[0, 1]$ 且 $\| f \|_{\frac{1}{2}} = \left(\int_0^{\frac{1}{2}} \mathrm{d}t\right)^2 = \dfrac{1}{4} = \| g \|_{\frac{1}{2}}$，但 $\| f + g \|_{\frac{1}{2}} = \left(\int_0^1 \mathrm{d}t\right)^2 = 1$.

习　题

1. 设 $p \geqslant 1$，$f, g \in L^p[a, b]$ 且 $\| f \|_p = \| g \|_p = 1$，$h = \dfrac{1}{2}(f + g)$. 证明：$\| h \|_p < 1$.

2. 若 $\{f_n\}$ 是 $L^p[a, b]$ 中的收敛点列且 $\lim\limits_{n \to \infty} f_n = f$，则 $\{f_n(x)\}$ 在 $[a, b]$ 上依测度收敛于 $f(x)$.

第三节　有界线性算子与有界线性算子空间

本节学习赋范线性空间之间的映射. 与赋范线性空间结构相适应的映

射自然是既具有线性性又具有连续性的映射，即连续线性算子. 那么，当映射的线性性与连续性相结合，会有哪些特有的性质呢？

通过前面内容的学习，我们已经感觉到，泛函分析着重于整体分析，在集合上定义结构形成空间. 赋范线性空间的全体有界线性算子构成集合. 那么，在这个集合上又能引入什么样合理的结构使之成为空间呢？

本节我们围绕这两个问题展开.

一、连续线性算子的判断

定理 3.3.1 设 T 是赋范线性空间 X 到赋范线性空间 Y 中的线性算子，则下列条件等价.

（1）T 在点 0 处连续；

（2）T 是连续映射；

（3）存在 $M > 0$，对任意 $x \in X$，有 $\|Tx\| \leqslant M\|x\|$.

证明：（1）$\Rightarrow$（2）. 设 T 在点 0 处连续，则对任意 $\varepsilon > 0$，存在 $\delta > 0$，使得当 $x \in X$ 且 $\|x\| = \|x - 0\| < \delta$ 时，有 $\|Tx\| = \|Tx - T0\| < \varepsilon$（这里用到 T 是线性的，从而 $T0 = 0$）. 因此，任取 $x_0 \in X$，只要 $x \in X$ 且 $\|x - x_0\| < \delta$ 时，就有 $\|T(x - x_0)\| < \varepsilon$. 又因为 T 是线性的，所以 $T(x - x_0) = Tx - Tx_0$. 因此，当 $x \in X$ 且 $\|x - x_0\| < \delta$ 时，有 $\|Tx - Tx_0\| < \varepsilon$. 故 T 在点 x_0 处连续.

（2）$\Rightarrow$（1）. 显然.

（1）$\Rightarrow$（3）. 设 T 在点 0 处连续，则存在 $\delta_1 > 0$，使得当 $x \in X$ 且 $\|x\| < \delta_1$ 时，有 $\|Tx\| < 1$.

对任意 $x \in X$ 且 $x \neq 0$，因为 $\left\|\dfrac{\delta_1}{2}\dfrac{x}{\|x\|}\right\| = \dfrac{\delta_1}{2} < \delta_1$，所以 $\left\|T\left(\dfrac{\delta_1}{2}\dfrac{x}{\|x\|}\right)\right\| < 1$，即

$$\|Tx\| < \frac{2}{\delta_1}\|x\|.$$

若 $x = 0$，显然 $\|Tx\| = 0 \leqslant 0 = \dfrac{2}{\delta_1}\|x\|$. 故令 $M = \dfrac{2}{\delta_1}$，则对任意 $x \in X$，有 $\|Tx\| \leqslant M\|x\|$.

（3）$\Rightarrow$（1）. 设存在常数 $M > 0$，使得对任意 $x \in X$，有 $\|Tx\| \leqslant M\|x\|$.

对任意 $\varepsilon > 0$，令 $\delta = \dfrac{\varepsilon}{M}$，则当 $x \in X$ 且 $\| x - 0 \| = \| x \| < \delta$ 时，有

$$\| Tx - T0 \| = \| Tx \| \leqslant M \| x \| < \varepsilon.$$

因此，T 在点 0 处连续. **证毕.**

二、有界线性算子

定义 3.3.1（有界线性算子） 设 T 是从赋范线性空间 X 到赋范线性空间 Y 中的线性算子. 若存在常数 $M > 0$，使得对任意 $x \in X$，有

$$\| Tx \| \leqslant M \| x \|,$$

则称 T 是从 X 到 Y 中的有界线性算子，简称为有界算子. 否则称 T 为无界算子.

注 3.3.1 定理 3.3.1 表明，对于赋范线性空间之间的线性算子来说，其有界性与连续性等价. 所以，连续线性算子又称为有界线性算子.

例 3.3.1（有界算子的例子） 定义

$$T:C[a, b] \to C[a, b],$$

$$x \mapsto Tx,$$

$$(Tx)(t) = \int_a^t x(s)\,\mathrm{d}s, a \leqslant t \leqslant b.$$

由第二章例 2.3.3 知，T 是 $C[a, b]$ 到其自身的线性算子.

因为，对任意 $x \in C[a, b]$，

$$\| Tx \| = \max_{a \leqslant t \leqslant b} | (Tx)(t) | = \max_{a \leqslant t \leqslant b} \left| \int_a^t x(s)\,\mathrm{d}s \right|$$

$$\leqslant \max_{a \leqslant t \leqslant b} \int_a^t | x(s) |\,\mathrm{d}s \leqslant \max_{a \leqslant t \leqslant b} \| x \| (t - a)$$

$$= (b - a) \| x \|,$$

所以，T 是 $C[a, b]$ 到其自身的有界算子.

例 3.3.2（无界算子的例子） 定义

$$T:C^1[0, 1] \to C[0, 1],$$

$$x \mapsto x',$$

$$(Tx)(t) = x'(t), t \in [0, 1].$$

由第二章例 2.3.2 知，T 是 $C^1[0, 1]$ 到 $C[0, 1]$ 的线性算子. 因为 $C^1[0, 1] \subset C[0, 1]$，所以可以在 $C^1[0, 1]$ 上赋予与 $C[0, 1]$ 中相同的

范数, 使其成为赋范线性空间.

对任意 n, 令 $x_n(t) = t^n$, $t \in [0, 1]$, 则 $x_n \in C^1[a, b]$, $\| x_n \| = 1$. 但 $x'_n(t) = nt^{n-1}$, $t \in [0, 1]$, $\| x'_n \| = n$. 因此

$$\| Tx_n \| = n \geqslant n \| x_n \|.$$

这表明, T 是无界算子.

定义 3.3.2（算子范数） 设 T 为赋范线性空间 X 到赋范线性空间 Y 中的线性算子, 称

$$\sup_{x \in X, x \neq 0} \frac{\| Tx \|}{\| x \|}$$

为算子 T 的范数, 记为 $\| T \|$, 即

$$\| T \| = \sup_{x \in X, x \neq 0} \frac{\| Tx \|}{\| x \|}.$$

注 3.3.2 设 T 为赋范线性空间 X 到赋范线性空间 Y 中的线性算子.

（1）T 有界当且仅当 $\| T \| < \infty$;

（2）当 T 有界时, 对任意 $x \in X$, 有 $\| Tx \| \leqslant \| T \| \| x \|$;

（3）若存在 $M > 0$, 使得对任意 $x \in X$, 有 $\| Tx \| \leqslant M \| x \|$, 则 T 是有界的, 且 $\| T \| \leqslant M$.

命题 3.3.2（有界线性算子范数的等价表示） 设 T 为赋范线性空间 X 到赋范线性空间 Y 中的有界线性算子, 则

$$\| T \| = \sup_{x \in X, \| x \| = 1} \| Tx \| = \sup_{x \in X, \| x \| \leqslant 1} \| Tx \|.$$

证明: 依次证明 $\| T \| \leqslant \sup_{x \in X, \| x \| = 1} \| Tx \| \leqslant \sup_{x \in X, \| x \| \leqslant 1} \| Tx \| \leqslant \| T \|$ 即可.

对任意 $x \in X$ 且 $x \neq 0$, 有 $\left\| \dfrac{x}{\| x \|} \right\| = 1$, 因此 $\dfrac{\| Tx \|}{\| x \|} = \left\| T \dfrac{x}{\| x \|} \right\| \leqslant \sup_{x \in X, \| x \| = 1} \| Tx \|$. 从而有

$$\| T \| = \sup_{x \in X, x \neq 0} \frac{\| Tx \|}{\| x \|} \leqslant \sup_{x \in X, \| x \| = 1} \| Tx \|.$$

因为 $\{ x \in X \mid \| x \| = 1 \} \subset \{ x \in X \mid \| x \| \leqslant 1 \}$, 所以

$$\sup_{x \in X, \| x \| = 1} \| Tx \| \leqslant \sup_{x \in X, \| x \| \leqslant 1} \| Tx \|.$$

对任意 $x \in X$ 且 $\| x \| \leqslant 1$, 有 $\| Tx \| \leqslant \| T \| \| x \| \leqslant \| T \|$. 因此

$$\sup_{x \in X, \| x \| \leqslant 1} \| Tx \| \leqslant \| T \|.$$

证毕.

三、有界线性算子空间

设 X 和 Y 是两个赋范线性空间，$B(X,Y)$ 表示从 X 到 Y 中的有界线性算子全体. 对任意 $T,S\in B(X,Y)$ 及 $a\in F$，定义

$$(T+S)(x)=Tx+Sx,\ (aT)(x)=a(Tx),\ x\in X,$$

$$\|T\|=\sup_{x\in X,x\neq 0}\frac{\|Tx\|}{\|x\|}.$$

容易验证，$T+S$ 和 aT 也是从 X 到 Y 中的线性算子（见第二章第三节习题1）.

对任意 $x\in X$，

$$\|(T+S)(x)\|=\|Tx+Sx\|\leq\|Tx\|+\|Sx\|$$

$$\leq\|T\|\|x\|+\|S\|\|x\|=(\|T\|+\|S\|)\|x\|.$$

因此，$T+S$ 有界且 $\|T+S\|\leq\|T\|+\|S\|$. 又因为

$$\sup_{x\in X,x\neq 0}\frac{\|aTx\|}{\|x\|}=\sup_{x\in X,x\neq 0}\frac{|a|\|Tx\|}{\|x\|}=|a|\sup_{x\in X,x\neq 0}\frac{\|Tx\|}{\|x\|}=|a|\|T\|,$$

因此，aT 有界且 $\|aT\|=|a|\|T\|$.

显然，$\|T\|\geq 0$，且若 $\|T\|=0$，则对任意 $x\in X$，$\|Tx\|\leq\|T\|\|x\|=0$，从而 $Tx=0$，因此 $T=0$.

由此，得到下面的命题.

定理3.3.3　设 X 和 Y 是两个赋范线性空间. 在上述线性运算和范数的定义下 $B(X,Y)$ 成为赋范线性空间.

进一步，考虑 $B(X,Y)$ 在算子范数下的完备性问题.

定理3.3.4　设 X 是赋范线性空间，Y 是 Banach 空间，则 $B(X,Y)$ 也是 Banach 空间.

证明：任取 $B(X,Y)$ 中的 Cauchy 列 $\{T_n\}$，则对任意 $\varepsilon>0$，存在正整数 N，当 $n,m>N$ 时，有

$$\|T_n-T_m\|<\varepsilon.$$

因此，当 $n,m>N$ 时，对任意 $x\in X$，有

$$\|T_nx-T_mx\|=\|(T_n-T_m)x\|\leq\|T_n-T_m\|\|x\|<\varepsilon\|x\|.$$

$$(3-6)$$

这表明，对任意 $x \in X$，$\{T_n x\}$ 是 Y 中的 Cauchy 列. 因为 Y 是 Banach 空间，因此，$\{T_n x\}$ 在 Y 中收敛. 令 $Tx = \lim\limits_{n \to \infty} T_n x$，则 $Tx \in Y$.

由赋范线性空间中加法和数乘运算的连续性容易验证，T 是从 X 到 Y 中的线性算子，且

$$\| Tx \| = \| \lim_{n \to \infty} T_n x \| = \lim_{n \to \infty} \| T_n x \| \leqslant \sup_n \| T_n \| \| x \|.$$

因此，T 有界，即 $T \in B(X, Y)$.

在式（3-6）中，令 $m \to \infty$，则当 $n > N$ 时，对任意 $x \in X$，有

$$\| T_n x - Tx \| \leqslant \varepsilon \| x \|.$$

因此，当 $n > N$ 时，$\| T_n - T \| \leqslant \varepsilon$，即 $\lim\limits_{n \to \infty} T_n = T$. **证毕.**

注 3.3.3 设 X 是赋范线性空间. 一般地，$B(X, X)$ 简记为 $B(X)$.

四、算子乘积

命题 3.3.5 设 X，Y，Z 是赋范线性空间. $T \in B(X, Y)$，$S \in B(Y, Z)$，则 $ST \in B(X, Z)$ 且 $\| ST \| \leqslant \| S \| \| T \|$.

证明： 由 T 和 S 的线性性容易验证，ST 是从 X 到 Z 中的线性算子（见第二章第三节习题 2）. 对任意 $x \in X$，

$$\| (ST)x \| = \| S(Tx) \| \leqslant \| S \| \| Tx \| \leqslant \| S \| \| T \| \| x \|.$$

因此，ST 有界且 $\| ST \| \leqslant \| S \| \| T \|$. **证毕.**

命题 3.3.6（算子乘积的连续性） 设 X，Y，Z 是赋范线性空间. $\{T_n\} \subset B(X, Y)$，$\{S_n\} \subset B(Y, Z)$，且 $\lim\limits_{n \to \infty} T_n = T \in B(X, Y)$，$\lim\limits_{n \to \infty} S_n = S \in B(Y, Z)$，则 $\lim\limits_{n \to \infty} S_n T_n = ST$.

习 题

1. 证明：有限维赋范线性空间上的任何线性算子都是有界的.

2. 设 X 是 Banach 空间，$T \in B(X)$ 且 $\| T \| < 1$. 证明：级数 $\sum\limits_{n=0}^{\infty} T^n$ 收敛，且

$$\left\| \sum_{n=0}^{\infty} T^n \right\| \leqslant \frac{1}{1 - \| T \|}.$$

第四节　连续线性泛函与共轭空间

作为一类特殊的有界线性算子，连续线性泛函不仅具有有界线性算子的一般性质，也应该具有其特有的性质. 本节给出连续线性泛函的一个特有性质以及连续线性泛函的 Hahn-Banach 延拓定理，并研究连续线性泛函空间——共轭空间的表示问题.

一、连续线性泛函的判断

定理 3.4.1　设 X 是赋范线性空间，φ 是 X 上的线性泛函，则 φ 在 X 上连续当且仅当 $\ker(\varphi)$ 是 X 中的闭子空间.

证明："$\Rightarrow$". 设 $\{x_n\} \subset \ker(\varphi)$，且 $\lim\limits_{n \to \infty} x_n = x \in X$. 因为对任意 n，$x_n \in \ker(\varphi)$，所以 $\varphi(x_n) = 0$. 又因为 φ 是连续的且 $\lim\limits_{n \to \infty} x_n = x \in X$，由第一章定理 1.5.1 得，

$$\varphi(x) = \lim_{n \to \infty} \varphi(x_n) = 0.$$

因此，$x \in \ker(\varphi)$. 由第一章定理 1.3.2(3) 得，$\ker(\varphi)$ 是 X 中的闭子空间.

"$\Leftarrow$"（反证法）. 假设 φ 在 X 上不连续，即 φ 不是有界的. 因此，对任意 n，存在 $x_n \in X$，使得

$$|\varphi(x_n)| > n \|x_n\|. \tag{3-7}$$

显然，$x_n \neq 0$ 且 $\varphi(x_n) \neq 0$.

令 $z_n = \dfrac{x_n}{\varphi(x_n)} - \dfrac{x_1}{\varphi(x_1)}$，则 $\varphi(z_n) = 0$，即 $z_n \in \ker(\varphi)$. 由式（3-7）得，

$$\left\| \frac{x_n}{\varphi(x_n)} \right\| < \frac{1}{n} \to 0 \, (n \to \infty).$$

因此，$z_n \to -\dfrac{x_1}{\varphi(x_1)}$ $(n \to \infty)$.

因为 $\ker(\varphi)$ 是闭的，所以 $-\dfrac{x_1}{\varphi(x_1)} \in \ker(\varphi)$. 但 $\varphi\left[-\dfrac{x_1}{\varphi(x_1)} \right] = -1$，矛盾. **证毕.**

注 3.4.1　设 X，Y 是赋范线性空间，$T \in B(X, Y)$，与定理 3.4.1 中

必要性的证明相同, 可得 $\ker(T)$ 是 X 中的闭子空间. 但反之不成立, 即若 T 是从 X 到 Y 中的线性算子, 且 $\ker(T)$ 是 X 中的闭子空间, 但 T 不一定是有界的. 见本章第三节例 3.3.2.

二、赋范线性空间上的 Hahn-Banach 泛函延拓定理

定理 3.4.2 (赋范线性空间上的 Hahn-Banach 泛函延拓定理) 设 φ_0 是赋范线性空间 X 的子空间 X_0 上的连续线性泛函, 则必存在 X 上的连续线性泛函 φ, 使得当 $x \in X_0$ 时, 有 $\varphi(x) = \varphi_0(x)$, 且 $\|\varphi\| = \|\varphi_0\|$.

证明: 若 $\varphi_0 = 0$, 则只需取 $\varphi = 0$ 即可. 下设 $\varphi \neq 0$.

对任意 $x \in X$, 令 $p(x) = \|\varphi_0\| \|x\|$. 易证 p 是 X 上的次线性泛函.

因为 φ_0 是 X_0 上的连续线性泛函, 故对任意 $x \in X_0$,
$$|\varphi_0(x)| \leqslant \|\varphi_0\| \|x\| = p(x).$$

这表明, φ_0 满足第二章定理 2.4.4 的条件. 因此, 存在 X 上的线性泛函 φ, 使得当 $x \in X_0$ 时, 有 $\varphi(x) = \varphi_0(x)$, 且对任意 $x \in X$,
$$|\varphi(x)| \leqslant p(x) = \|\varphi_0\| \|x\|.$$

因此, φ 是有界的, 即连续, 且 $\|\varphi\| \leqslant \|\varphi_0\|$. 作为 φ_0 的延拓泛函, 显然有 $\|\varphi_0\| \leqslant \|\varphi\|$. 因此 $\|\varphi\| = \|\varphi_0\|$. **证毕.**

推论 3.4.3 设 X 是赋范线性空间, $x_0 \in X$ 且 $x_0 \neq 0$, 则必存在 X 上的连续线性泛函 φ, 使得 $\|\varphi\| = 1$ 且 $\varphi(x_0) = \|x_0\|$.

证明: 令 $X_0 = \operatorname{span}\{x_0\} = \{ax_0 \mid a \in F\}$. 定义
$$\varphi_0 : X_0 \to F,$$
$$ax_0 \mapsto a\|x_0\|,$$

则 φ_0 是 X_0 上的线性泛函且 $\|\varphi_0\| = 1$.

由 Hahn-Banach 泛函延拓定理知, 存在 X 上的连续线性泛函 φ, 使得 $\|\varphi\| = \|\varphi_0\| = 1$ 且
$$\varphi(x_0) = \varphi_0(x_0) = \|x_0\|.$$

证毕.

推论 3.4.4 设 X 是赋范线性空间, $x \in X$. 若对 X 上所有连续线性泛函 φ, 都有 $\varphi(x) = 0$, 则必有 $x = 0$.

证明: 若 $x \neq 0$, 由推论 3.4.3 知, 存在 X 上的连续线性泛函 φ, 使得 $\varphi(x) = \|x\| \neq 0$, 矛盾. **证毕.**

推论 3.4.5　设 X 是赋范线性空间，x，$y \in X$ 且 $x \neq y$，则必存在 X 上的连续线性泛函 φ，使得 $\varphi(x) \neq \varphi(y)$.

三、共轭空间的定义及性质

定义 3.4.1（共轭空间）　设 X 是赋范线性空间. X' 表示 X 上连续线性泛函全体所组成的空间，称为 X 的共轭空间.

注 3.4.2　X' 即为 $B(X, F)$. 因此，前面关于有界线性算子空间的所有结论都可应用到 X' 上.

定理 3.4.6　任何赋范线性空间的共轭空间都是 Banach 空间.

四、共轭空间的表示

前面已经学习过一些赋范线性空间的具体例子，如 $C[a, b]$，l^p（$1 \leqslant p \leqslant \infty$），$L^p[a, b]$（$p \geqslant 1$）等. 相应地，$C[a, b]'$，$(l^p)'$（$1 \leqslant p \leqslant \infty$）和 $L^p[a, b]'$（$p \geqslant 1$）分别表示他们的共轭空间. 但这样说太过抽象，除了能说明表示的是这些空间上连续线性泛函全体构成的空间，并不能反映这些共轭空间的性质，更不清楚他们的共轭空间究竟是什么. 这就涉及空间的表示问题.

所谓空间的表示，一般指的是通过具体的空间来表示抽象的空间，而且这两个空间结构相同，即同构. 同构的空间可看作是同一的，不加区别.

定义 3.4.2（赋范线性空间的同构）　设 X 和 Y 是赋范线性空间. T 是从 X 到 Y 中的线性算子，且对任意 $x \in X$，$\|Tx\| = \|x\|$，则称 T 是从 X 到 Y 中的保范线性算子，简称保范算子. 进一步，若 T 是到上的，则称 T 是从 X 到 Y 上的保范同构，此时称 X 和 Y 同构，可记为 $X = Y$.

注 3.4.3　T 是从 X 到 Y 中的保范算子，由 T 的线性性，对任意 x，$y \in X$，有
$$d(Tx, Ty) = \|Tx - Ty\| = \|T(x - y)\| = \|x - y\| = d(x, y).$$
因此，保范算子是等距线性映射. 反之易验证，等距线性映射也是保范算子. 因此，对于线性算子而言，保范与等距是等价的. 习惯上，称保范算子为等距算子. 显然，保范算子一定是单射.

下面我们给出本章第二节中两类重要 Banach 空间的共轭空间的表示.

定理 3.4.7 $(l^1)' = l^\infty$；$(l^p)' = l^q \left(p > 1, \dfrac{1}{p} + \dfrac{1}{q} = 1 \right).$

引理 3.4.8 设 $p \geqslant 1$. 对任意 k，记 $e_k = (0, \cdots, 0, \underset{k}{1}, 0, \cdots)$，则 $e_k \in l^p$ 且 $\| e_k \|_p = 1$. 若 $x = (\xi_1, \xi_2, \cdots, \xi_k, \cdots) \in l^p$，则有

$$\lim_{n \to \infty} \sum_{k=1}^{n} \xi_k e_k \xrightarrow{\|\|_p} x.$$

即 $x = \sum_{k=1}^{\infty} \xi_k e_k.$

证明： 直接计算可得，$e_k \in l^p$ 且 $\| e_k \|_p = 1$.

若 $x = (\xi_1, \xi_2, \cdots, \xi_k, \cdots) \in l^p$，则 $\sum_{k=1}^{\infty} |\xi_k|^p < \infty$，且

$$\left\| x - \sum_{k=1}^{n} \xi_k e_k \right\|_p = \left(\sum_{k=n+1}^{\infty} |\xi_k|^p \right)^{\frac{1}{p}}.$$

因为 $\sum_{k=1}^{\infty} |\xi_k|^p < \infty$，所以 $\lim_{n \to \infty} \sum_{k=n+1}^{\infty} |\xi_k|^p = 0$. 因此，$\lim_{n \to \infty} \left\| x - \sum_{k=1}^{n} \xi_k e_k \right\|_p = 0$，即

$$\lim_{n \to \infty} \sum_{k=1}^{n} \xi_k e_k \xrightarrow{\|\|_p} x.$$

证毕.

（定理 3.4.7 的）证明： 我们只给出 $(l^1)' = l^\infty$ 的证明. $(l^p)' = l^q$ $\left(p > 1, \dfrac{1}{p} + \dfrac{1}{q} = 1 \right)$ 的证明类似.

要证明 $(l^1)' = l^\infty$，即要证明 $(l^1)'$ 和 l^∞ 之间存在同构映射.

定义

$$T: (l^1)' \to l^\infty,$$
$$\varphi \mapsto (\varphi(e_1), \varphi(e_2), \cdots, \varphi(e_k), \cdots).$$

下面分 4 步验证 T 是从 $(l^1)'$ 到 l^∞ 上的同构映射.

（1）$T(\varphi) \in l^\infty$ 且 $\| T(\varphi) \|_\infty \leqslant \| \varphi \|$.

因为 φ 是 l^1 上的连续线性泛函，所以对任意 k，

$$|\varphi(e_k)| \leqslant \| \varphi \| \| e_k \|_1 = \| \varphi \|.$$

因此，$T(\varphi) \in l^\infty$ 且 $\| T(\varphi) \|_\infty = \sup_k |\varphi(e_k)| \leqslant \| \varphi \|$.

（2）T 是线性映射，即对任意 $\varphi, \psi \in (l^1)'$ 及数 a, b 有

$$T(a\varphi + b\psi) = aT(\varphi) + bT(\psi).$$

由 T 的定义直接验证.

（3）$\| T(\varphi) \|_\infty = \| \varphi \|$.

由引理 3.4.8 知，对任意 $x = (\xi_1, \xi_2, \cdots, \xi_k, \cdots) \in l^1$,

$$| \varphi(x) | = \lim_{n \to \infty} \left| \varphi\left(\sum_{k=1}^n \xi_k e_k \right) \right| = \lim_{n \to \infty} \left| \sum_{k=1}^n \xi_k \varphi(e_k) \right|$$

$$\leqslant \varlimsup_{n \to \infty} \sum_{k=1}^n | \xi_k \varphi(e_k) | \leqslant \varlimsup_{n \to \infty} \sum_{k=1}^n | \xi_k | \| T(\varphi) \|_\infty$$

$$= \| T(\varphi) \|_\infty \sum_{k=1}^\infty | \xi_k | = \| T(\varphi) \|_\infty \| x \|_1,$$

所以 $\| \varphi \| \leqslant \| T(\varphi) \|_\infty$. 结合（1）得 $\| T(\varphi) \|_\infty = \| \varphi \|$.

（4）T 是从 $(l^1)'$ 到 l^∞ 上的.

对任意 $y = (\eta_1, \eta_2, \cdots, \eta_k, \cdots) \in l^\infty$，定义

$$\varphi_y : l^1 \to F,$$

$$x = (\xi_1, \xi_2, \cdots, \xi_k, \cdots) \mapsto \sum_{k=1}^\infty \xi_k \eta_k.$$

因为 $\displaystyle\sum_{k=1}^\infty | \xi_k \eta_k | \leqslant \sum_{k=1}^\infty | \xi_k | \| y \|_\infty = \| x \|_1 \| y \|_\infty$，所以级数 $\displaystyle\sum_{k=1}^\infty \xi_k \eta_k$ 收敛.

容易验证，φ_y 是 l^1 上的线性算子且对任意 $x = (\xi_1, \xi_2, \cdots, \xi_k, \cdots) \in l^1$,

$$| \varphi_y(x) | \leqslant \sum_{k=1}^\infty | \xi_k \eta_k | \leqslant \| x \|_1 \| y \|_\infty,$$

因此，φ_y 是 l^1 上的连续线性泛函，即 $\varphi_y \in (l^1)'$ 且 $\| \varphi_y \| \leqslant \| y \|_\infty$.

由 φ_y 的定义知，对任意 k，$\varphi_y(e_k) = \eta_k$. 因此，

$$T(\varphi_y) = (\varphi_y(e_1), \varphi_y(e_2), \cdots, \varphi_y(e_k), \cdots) = (\eta_1, \eta_2, \cdots, \eta_k, \cdots) = y.$$

综上，T 是 $(l^1)'$ 到 l^∞ 上的同构映射，因此 $(l^1)'$ 和 l^∞ 同构. **证毕.**

实际上，上面关于 $(l^1)'$ 和 l^∞ 同构的证明过程中蕴含着如下结论.

定理 3.4.9　对任意 $\varphi \in (l^1)'$，存在唯一 $y = (\eta_1, \eta_2, \cdots, \eta_k, \cdots) \in l^\infty$，使得

$$\varphi(x) = \sum_{k=1}^\infty \xi_k \eta_k, \, x = (\xi_1, \xi_2, \cdots, \xi_k, \cdots) \in l^1,$$

且 $\| \varphi \| = \| y \|_\infty$.

对于 $(l^p)'$ 和 $l^q \left(p > 1, \dfrac{1}{p} + \dfrac{1}{q} = 1 \right)$，同样可得下面的结论.

定理 3.4.10　对任意 $\varphi \in (l^p)' \, (p > 1)$，存在唯一 $y = (\eta_1, \eta_2, \cdots,$

$\eta_k,\cdots)\in l^q\left(\dfrac{1}{p}+\dfrac{1}{q}=1\right)$，使得

$$\varphi(x) = \sum_{k=1}^{\infty}\xi_k\eta_k, x = (\xi_1,\xi_2,\cdots,\xi_k,\cdots)\in l^p,$$

且 $\|\varphi\| = \|y\|_q$.

证明： 设 $\varphi\in(l^p)'$. 对任意 k，令 $\eta_k = \varphi(e_k)$. 记 $y = (\eta_1,\eta_2,\cdots,\eta_k,\cdots)$. 下面分 4 步验证 y 满足定理中的条件.

（1） $y\in l^q$ 且 $\|y\|_q \leqslant \|\varphi\|$.

若对任意 k，$\eta_k = 0$，显然成立. 下设存在 m，$\eta_m\neq 0$. 对任意 n，

$$\sum_{k=1}^{n}|\eta_k|^q = \sum_{k=1}^{n}|\eta_k||\eta_k|^{q-1} = \sum_{k=1}^{n}\eta_k(\operatorname{sgn}\eta_k)|\eta_k|^{q-1}$$
$$= \sum_{k=1}^{n}\varphi(e_k)(\operatorname{sgn}\eta_k)|\eta_k|^{q-1}$$
$$= \varphi\Big[\sum_{k=1}^{n}(\operatorname{sgn}\eta_k)|\eta_k|^{q-1}e_k\Big]$$
$$= \Big|\varphi\Big[\sum_{k=1}^{n}(\operatorname{sgn}\eta_k)|\eta_k|^{q-1}e_k\Big]\Big|$$
$$\leqslant \|\varphi\|\Big\|\sum_{k=1}^{n}(\operatorname{sgn}\eta_k)|\eta_k|^{q-1}e_k\Big\|_p$$
$$= \|\varphi\|\Big[\sum_{k=1}^{n}|(\operatorname{sgn}\eta_k)|\eta_k|^{q-1}|^p\Big]^{\frac{1}{p}}$$
$$= \|\varphi\|\Big[\sum_{k=1}^{n}|\eta_k|^q\Big]^{\frac{1}{p}}.$$

当 $n>m$ 时，$\sum_{k=1}^{n}|\eta_k|^q\neq 0$. 因此有

$$\Big(\sum_{k=1}^{n}|\eta_k|^q\Big)^{\frac{1}{q}} = \Big(\sum_{k=1}^{n}|\eta_k|^q\Big)^{1-\frac{1}{p}} \leqslant \|\varphi\|.$$

令 $n\to\infty$，即得

$$\|y\|_q = \Big(\sum_{k=1}^{\infty}|\eta_k|^q\Big)^{\frac{1}{q}} \leqslant \|\varphi\|.$$

（2） 对任意 $x = (\xi_1,\xi_2,\cdots,\xi_k,\cdots)\in l^p$，$\varphi(x) = \sum_{k=1}^{\infty}\xi_k\eta_k$.

由引理 3.4.8 知，对任意 $x = (\xi_1,\xi_2,\cdots,\xi_k,\cdots)\in l^p$，

$$\varphi(x) = \lim_{n\to\infty}\varphi\Big(\sum_{k=1}^{n}\xi_k e_k\Big) = \lim_{n\to\infty}\sum_{k=1}^{n}\xi_k\varphi(e_k) = \lim_{n\to\infty}\sum_{k=1}^{n}\xi_k\eta_k = \sum_{k=1}^{\infty}\xi_k\eta_k.$$

（3）$\|\varphi\| = \|y\|_q$.

由（2）知，对任意 $x = (\xi_1, \xi_2, \cdots, \xi_k, \cdots) \in l^p$. 由 Hölder 不等式得

$$|\varphi(x)| = \left| \sum_{k=1}^{\infty} \xi_k \eta_k \right| \leqslant \sum_{k=1}^{\infty} |\xi_k \eta_k| \leqslant \left(\sum_{k=1}^{\infty} |\xi_k|^p \right)^{\frac{1}{p}} \left(\sum_{k=1}^{\infty} |\eta_k|^q \right)^{\frac{1}{q}}$$
$$= \|x\|_p \|y\|_q,$$

因此，$\|\varphi\| \leqslant \|y\|_q$. 结合（1）得 $\|\varphi\| = \|y\|_q$.

（4）唯一性.

若存在 $z = (\zeta_1, \zeta_2, \cdots, \zeta_k, \cdots) \in l^q$，使得对任意 $x = (\xi_1, \xi_2, \cdots, \xi_k, \cdots) \in l^p$，有

$$\varphi(x) = \sum_{k=1}^{\infty} \xi_k \zeta_k,$$

则对任意 k，$\zeta_k = \varphi(e_k) = \eta_k$，即有 $z = y$. **证毕**.

对于 $L^p[a, b]$ $(p \geqslant 1)$ 也有类似的结论.

定理 3.4.11 $(L^p[a, b])' = L^q[a, b]$ $\left(p > 1, \dfrac{1}{p} + \dfrac{1}{q} = 1 \right)$（见参考文献 [7]，[8] 等）.

习　题

1. 设 X 是赋范线性空间，X_0 是 X 的线性子空间，$x_0 \in X$. 证明：若 $d(x_0, X_0) > 0$，则存在 X 上的连续线性泛函 φ，满足条件：（1）对任意 $x \in X_0$，$\varphi(x) = 0$；（2）$\varphi(x_0) = d(x_0, X_0)$；（3）$\|\varphi\| = 1$.

2. 设 X 是赋范线性空间，$x_0 \in X$. 证明：$\|x_0\| = \sup\limits_{\varphi \in X', \|\varphi\| \leqslant 1} |\varphi(x_0)|$.

3. 证明：$(c_0)' = l^1$.

第五节　有界线性算子的一些例子及算子范数求解

有界线性算子的范数是一个非常重要的量. 本节进一步学习一些有界线性算子的例子及其范数的计算.

例 3.5.1 相似算子.

设 X 是赋范线性空间，固定数 a，定义

$$T: X \to X,$$

$$x \mapsto \alpha x.$$

由第二章例 2.3.1 知，T 是线性算子. 因为，对任意 $x \in X$ 且 $x \neq 0$，

$$\frac{\|Tx\|}{\|x\|} = \frac{\|ax\|}{\|x\|} = \frac{|a|\,\|x\|}{\|x\|} = |a|,$$

所以，T 有界且 $\|T\| = \sup\limits_{\substack{x \in X \\ x \neq 0}} \frac{\|Tx\|}{\|x\|} = |a|$.

例 3.5.2 积分算子.

设 $K(t, s)$ 是矩形 $[a, b] \times [a, b]$ 上的二元连续函数，由此定义赋范线性空间 $C[a, b]$ 上的算子 T：

$$T: C[a, b] \to C[a, b],$$

$$x \mapsto Tx,$$

其中，$Tx(t) = \int_a^b K(t,s)x(s)\mathrm{d}s, t \in [a,b]$，称 T 为积分算子.

由积分的线性性容易验证，T 是线性算子. 对任意 $x \in C[a, b]$，$t \in [a, b]$，

$$|Tx(t)| = \left|\int_a^b K(t,s)x(s)\mathrm{d}s\right|$$

$$\leqslant \int_a^b |K(t,s)x(s)|\mathrm{d}s$$

$$\leqslant \int_a^b |K(t,s)|\mathrm{d}s \|x\|,$$

因此

$$\|Tx\| = \max_{a \leqslant t \leqslant b} |Tx(t)| \leqslant \max_{a \leqslant t \leqslant b} \int_a^b |K(t,s)|\mathrm{d}s \|x\|.$$

故 T 有界且 $\|T\| \leqslant \max\limits_{a \leqslant t \leqslant b} \int_a^b |K(t,s)|\mathrm{d}s$. 记 $M = \max\limits_{a \leqslant t \leqslant b} \int_a^b |K(t,s)|\mathrm{d}s$.

因为 $\int_a^b |K(t,s)|\mathrm{d}s$ 是 $[0, 1]$ 上的连续函数，故存在 $t_0 \in [a, b]$，使得

$$\int_a^b |K(t_0,s)|\mathrm{d}s = \max_{a \leqslant t \leqslant b} \int_a^b |K(t,s)|\mathrm{d}s.$$

记 $\tau(s) = \mathrm{sgn}K(t_0, s)$，则 $|K(t_0, s)| = \tau(s)K(t_0, s)$. 由 Lusin 定理知，存在 $[a, b]$ 上的连续函数列 $\{x_n\}$，使得 $x_n(s) \xrightarrow[[a, b]]{a.e.} \tau(s)$ $(n \to \infty)$ 且

$$\sup_{a \leqslant s \leqslant b} |x_n(s)| \leqslant \sup_{a \leqslant s \leqslant b} |\tau(s)|.$$

因此，$\{x_n\} \subset C[a, b]$，$\|x_n\| \leqslant 1$，且

$$M = \int_a^b |K(t_0,s)| \mathrm{d}s = \left| \int_a^b \tau(s) K(t_0,s) \mathrm{d}s \right| = \left| \int_a^b \lim_{n \to \infty} x_n(s) K(t_0,s) \mathrm{d}s \right|$$

$$= \left| \lim_{n \to \infty} \int_a^b x_n(s) K(t_0,s) \mathrm{d}s \right| \text{（Lebegsue 控制收敛定理）}$$

$$= \lim_{n \to \infty} |Tx_n(t_0)|.$$

因为 $|Tx_n(t_0)| \leqslant \|Tx_n\| \leqslant \|T\| \|x_n\| \leqslant \|T\|$，所以 $M \leqslant \|T\|$.

因此，$\|T\| = M = \int_a^b |K(t_0,s)| \mathrm{d}s$.

注 3.5.1　设 $k(s)$ 是 $[a, b]$ 上的连续函数，定义 $C[a, b]$ 上的泛函 φ：

$$\varphi : C[a, b] \to F,$$

$$x \mapsto \int_a^b k(s) x(s) \mathrm{d}s.$$

显然，φ 是例 3.5.2 在 $K(t, s) = k(s)$ 的特殊情形，由此得

$$\|\varphi\| = \max_{a \leqslant t \leqslant b} \int_a^b |k(s)| \mathrm{d}s = \int_a^b |k(s)| \mathrm{d}s.$$

注 3.5.2　由例 3.5.2 可以总结出求算子范数的一套方法. 设 T 为赋范线性空间 X 到赋范线性空间 Y 中的线性算子.

（1）对 $\|T\|$ 进行适当的估计，找到常数 M，使得对任意 $x \in X$，

$$\|Tx\| \leqslant M \|x\|.$$

由此得 T 是有界的，且 $\|T\| \leqslant M$.

（2）构造一列 $\{x_n\} \subset X$，$\|x_n\| \leqslant 1$，使得

$$\|Tx_n\| \to M \ (n \to \infty).$$

因为 $\|Tx_n\| \leqslant \|T\| \|x_n\| \leqslant \|T\|$，故有 $M \leqslant \|T\|$.

由（1），（2）即得 $\|T\| = M$.

例 3.5.3　乘法算子.

固定 $h \in C[a, b]$ 且 $h \neq 0$，定义 $L^1[a, b]$ 上的线性算子 T：

$$T : L^1[a, b] \to L^1[a, b],$$

$$f \mapsto hf.$$

一方面，对任意 $f \in L^1[a, b]$，

$$\| Tf \|_1 = \| hf \|_1 = \int_a^b |h(t)f(t)| \mathrm{d}t$$

$$\leqslant \max_{a \leqslant t \leqslant b} |h(t)| \int_a^b |f(t)| \mathrm{d}t = \| h \|_{\max} \| f \|_1,$$

这里 $\| h \|_{\max}$ 表示 h 在 $C[a, b]$ 中范数. 因此, T 有界且 $\| T \| \leqslant \| h \|_{\max}$.

另一方面, 因为 $h \in C[a, b]$, 所以存在 $t_0 \in [a, b]$, 使得 $\| h \|_{\max} = |h(t_0)|$, 且对任意 n, 存在 $\varepsilon > 0$, 使得当 $t \in [a, b] \cap (t_0 - \varepsilon, t_0 + \varepsilon)$ 时, 有 $|h(t)| \geqslant |h(t_0)| - \dfrac{1}{n}$. 令

$$f_n(t) = \begin{cases} \dfrac{1}{m([a,b] \cap (t_0 - \varepsilon, t_0 + \varepsilon))}, & t \in [a,b] \cap (t_0 - \varepsilon, t_0 + \varepsilon) \\ 0, & t \in [a,b] \backslash [a,b] \cap (t_0 - \varepsilon, t_0 + \varepsilon) \end{cases},$$

其中, $m([a, b] \cap (t_0 - \varepsilon, t_0 + \varepsilon))$ 表示 $[a, b] \cap (t_0 - \varepsilon, t_0 + \varepsilon)$ 的 Lebesgue 测度, 则 $f_n \in L^1[a, b]$ 且 $\| f_n \|_1 = 1$. 但

$$\| T \| \geqslant \| Tf_n \|_1 = \int_a^b |h(t)f_n(t)| \mathrm{d}t$$

$$= \int_{[a,b] \cap (t_0 - \varepsilon, t_0 + \varepsilon)} |h(t)f_n(t)| \mathrm{d}t$$

$$\geqslant \left(|h(t_0)| - \dfrac{1}{n} \right) = \| h \|_{\max} - \dfrac{1}{n}.$$

令 $n \to \infty$, 得 $\| T \| \geqslant \| h \|_{\max}$. 故 $\| T \| = \| h \|_{\max}$.

例 3.5.4 有限维赋范线性空间上的线性泛函.

固定 $a = (a_1, a_2, \cdots, a_n) \in F^n$ 且 $a \neq 0$, 定义 F^n 上的线性泛函 φ:

$$\varphi : F^n \to F,$$

$$x = (x_1, x_2, \cdots, x_n) \mapsto \sum_{k=1}^n x_k \overline{a_k}.$$

一方面, 对任意 $x = (x_1, x_2, \cdots, x_n) \in F^n$,

$$|\varphi(x)| = \left| \sum_{k=1}^n x_k \overline{a_k} \right| \leqslant \left(\sum_{k=1}^n |x_k|^2 \right)^{\frac{1}{2}} \left(\sum_{k=1}^n |\overline{a_k}|^2 \right)^{\frac{1}{2}} = \| x \| \| a \|,$$

因此, $\| \varphi \| \leqslant \| a \|$.

另一方面,

$$\sum_{k=1}^n |a_k|^2 = \sum_{k=1}^n a_k \overline{a_k} = \varphi(a) = |\varphi(a)| \leqslant \| \varphi \| \| a \|,$$

因此，有 $\|a\| \leqslant \|\varphi\|$．故 $\|\varphi\| = \|a\|$．

注 3.5.3 大多数情况下，并不能求出算子范数的确切值，通常给出算子范数的估计．

习　题

1. 定义 $\varphi : C[-1,1] \to F, \varphi(x) = \int_{-1}^{0} x(t)\,dt - \int_{0}^{1} x(t)\,dt, x \in C[-1,1]$．
证明：φ 是 $C[-1, 1]$ 上的连续线性泛函且 $\|\varphi\| = 2$．

2. 证明：第二章第三节习题 3 中的线性算子 T 是有界的，并求 $\|T\|$．

3. 定义 $T : C[a,b] \to C[a,b], (Tx)(t) = \int_{a}^{t} x(s)\,ds, x \in C[a,b], t \in [a,b]$．证明：$T$ 是 $C[a, b]$ 上的有界线性算子，且 $\|T\| = b - a$．

第六节　有界线性算子的基本定理

一套理论之所以重要，在于其能有效地或巧妙地解决一些相关学科中的重要问题．本节进一步学习关于有界线性算子的深刻结论——一致有界性原理和逆算子定理，以及它们在一些经典分析问题中的应用．

一、一致有界性原理及其应用

定理 3.6.1（一致有界性原理） 设 X 是 Banach 空间，Y 是赋范线性空间，$\{T_n\} \subset B(X, Y)$．若对任意 $x \in X$，$\sup\limits_{n} \|T_n x\| < \infty$，则 $\sup\limits_{n} \|T_n\| < \infty$．

证明： 令 $\varphi(x) = \sup\limits_{n} \|T_n x\|$，$x \in X$．因为对任意 n 及 $x, y \in X$，

$$\|T_n x\| \leqslant \|T_n(x+y)\| + \|T_n y\| \leqslant \varphi(x+y) + \varphi(y),$$

所以

$$\varphi(x) \leqslant \varphi(x+y) + \varphi(y), \tag{3-8}$$

且容易验证，对任意 $a \in F$，

$$\varphi(ax) = |a|\varphi(x). \tag{3-9}$$

令 $F_k = \{x \in X \mid \varphi(x) \leqslant k\}$，$k = 1, 2, 3, \cdots$．由第一章定理 1.3.2(3) 可验证，$F_k$ 是 X 中的闭集且由已知条件知，$X = \bigcup\limits_{k} F_k$．

因为 X 是完备的，由 Baire 纲定理，存在 k_0，F_{k_0} 不是无处稠密集. 因此，存在 $x_0 \in X$ 及 $r_0 > 0$，使得 $U(x_0, r_0) \subset \overline{F_{k_0}} = F_{k_0}$，即对任意 $x \in X$ 且 $\|x\| < r_0$，

$$\varphi(x_0 + x) \leqslant k_0.$$

因此，由式（3-8）得，对任意 $x \in X$ 且 $\|x\| < r_0$，

$$\varphi(x) \leqslant \varphi(x + x_0) + \varphi(x_0) \leqslant 2k_0.$$

对任意 $x \in X$ 且 $\|x\| \leqslant 1$，有 $\left\|\dfrac{r_0}{2}x\right\| < r_0$，因此 $\varphi\left(\dfrac{r_0}{2}x\right) \leqslant 2k_0$. 由式（3-9）得，$\varphi(x) \leqslant \dfrac{4k_0}{r_0}$. 因此，对任意 n，任意 $x \in X$ 且 $\|x\| \leqslant 1$，

$$\|T_n x\| \leqslant \varphi(x) \leqslant \frac{4k_0}{r_0}.$$

这表明，对任意 n，$\|T_n\| \leqslant \dfrac{4k_0}{r_0}$，即有

$$\sup_n \|T_n\| \leqslant \frac{4k_0}{r_0} < \infty.$$

证毕.

推论 3.6.2 设 X 是 Banach 空间，Y 是赋范线性空间，$\{T_n\} \subset B(X, Y)$. 若对任意 $x \in X$，$\lim\limits_n \|T_n x\|$ 存在，则 $\sup\limits_n \|T_n\| < \infty$.

推论 3.6.3 设 X 是 Banach 空间，$\{\varphi_n\}$ 是 X 上的一列连续线性泛函. 若对任意 $x \in X$，$\lim\limits_n \varphi_n(x)$ 存在或 $\sup\limits_n |\varphi_n(x)| < \infty$，则 $\sup\limits_n \|\varphi_n\| < \infty$.

下面给出定理 3.6.1 在经典分析中的一个应用（推论 3.6.3）.

定理 3.6.4（一致有界性原理的应用） 存在 $f \in C[0, 2\pi]$，使得 f 在点 0 处的 Fourier 级数不收敛.

证明： 对任意 $g \in C[0, 2\pi]$，$t \in [0, 2\pi]$，g 在点 t 处的 Fourier 级数为

$$\frac{a_0}{2} + \sum_{n=1}^{\infty} a_n \cos nt + \sum_{n=1}^{\infty} b_n \sin nt,$$

其中，$a_0 = \dfrac{1}{\pi}\displaystyle\int_0^{2\pi} g(s)\,\mathrm{d}s, a_n = \dfrac{1}{\pi}\displaystyle\int_0^{2\pi} g(s)\cos ns\,\mathrm{d}s, b_n = \dfrac{1}{\pi}\displaystyle\int_0^{2\pi} g(s)\sin ns\,\mathrm{d}s$, $n = 1, 2, \cdots$.

记 $s_n(g, t) = \dfrac{a_0}{2} + \displaystyle\sum_{k=1}^{n} a_k \cos kt + \sum_{k=1}^{n} b_k \sin kt$，则

$$s_n(g,t) = \frac{1}{2\pi} \int_0^{2\pi} g(s) \left[1 + 2 \sum_{k=1}^{n} (\cos ks \cos kt + \sin ks \sin kt) \right] ds$$

$$= \frac{1}{2\pi} \int_0^{2\pi} g(s) \left[1 + 2 \sum_{k=1}^{n} \cos k(s-t) \right] ds$$

$$= \frac{1}{2\pi} \int_0^{2\pi} g(s) \sum_{k=-n}^{n} e^{ik(s-t)} ds.$$

此即为 g 在点 t 处的 Fourier 级数的前 n 项部分和. 因此, 问题转化为存在 $f \in C[0, 2\pi]$, 使得 $s_n(f, 0)$ 不收敛.

定义 $\varphi_n: C[0, 2\pi] \to \mathbf{R}$ 如下:

$$\varphi_n(g) = s_n(g, 0), \ g \in C[0, 2\pi].$$

由 $s_n(g, 0)$ 的积分表达式知, φ_n 是 $C[0, 2\pi]$ 上的线性泛函.

因为 $\varphi_n(g) = s_n(g,0) = \frac{1}{2\pi} \int_0^{2\pi} g(s) \sum_{k=-n}^{n} e^{iks} ds$, 由注 3.5.1 得, φ_n 有界且

$$\| \varphi_n \| = \frac{1}{2\pi} \int_0^{2\pi} \left| \sum_{k=-n}^{n} e^{iks} \right| ds.$$

(反证法) 若对任意 $g \in C[0, 2\pi]$, $\lim_{n\to\infty} \varphi_n(g)$ 存在, 则由推论 3.6.3 知, $\sup_n \| \varphi_n \| < \infty$. 但

$$\| \varphi_n \| = \frac{1}{2\pi} \int_0^{2\pi} \left| \sum_{k=-n}^{n} e^{iks} \right| ds = \frac{1}{2\pi} \int_0^{2\pi} \left| \frac{\sin(n+\frac{1}{2})s}{\sin\left(\frac{s}{2}\right)} \right| ds$$

$$\geq \frac{1}{2\pi} \int_0^{2\pi} \left| \frac{\sin(n+\frac{1}{2})s}{\frac{s}{2}} \right| ds \quad (因为 \left| \sin\frac{s}{2} \right| \leq \left| \frac{s}{2} \right|)$$

$$= \frac{1}{\pi} \int_0^{(2n+1)\pi} \left| \frac{\sin t}{t} \right| dt = \frac{1}{\pi} \sum_{k=1}^{2n+1} \int_{(k-1)\pi}^{k\pi} \left| \frac{\sin t}{t} \right| dt$$

$$\geq \frac{1}{\pi} \sum_{k=1}^{2n+1} \frac{1}{k\pi} \int_{(k-1)\pi}^{k\pi} \left| \sin t \right| ds$$

$$= \frac{1}{\pi^2} \sum_{k=1}^{2n+1} \frac{1}{k} \to \infty \ (n \to \infty),$$

矛盾. 证毕.

二、开映射定理，逆算子定理及其应用

设 X 是线性空间，$E \subset X$，$z \in X$，$a \in F$. 记

$$E + z = \{x + z \mid x \in E\}, \quad aE = \{ax \mid x \in E\}.$$

特别地，若 X 是赋范线性空间，U 是 x_0 的 δ 邻域，则 $U + z$ 就是 $x_0 + z$ 的 δ 邻域，aU 就是 ax_0 的 $|a|\delta$ 邻域.

定理 3.6.5（开映射定理） 设 U 和 V 分别为 Banach 空间 X 和 Y 中的开单位球. T 是从 X 到 Y 上的有界线性算子，则存在 $\delta > 0$，使得 $TU \supset \delta V$.

证明： 分两步证明.

（1）存在 k 及 $\eta > 0$，对任意 $n \geq 0$，$\dfrac{\eta}{2^{n+1}k} V \subset \overline{T\left(\dfrac{1}{2^n}U\right)}$.

给定 $y \in Y$，因为 T 是到上的，所以存在 $x \in X$，使得 $Tx = y$；若 $\|x\| < k$，则 $y \in T(kU)$. 因此，

$$Y = \bigcup_{k=1}^{\infty} T(kU).$$

因为 Y 是完备的，由 Baire 纲定理，存在 k，$T(kU)$ 不是无处稠密集. 因此，存在 $y_0 \in Y$ 以及 $\eta > 0$，使得对任意 $y \in Y$ 且 $\|y\| < \eta$，有 $y_0 + y \in \overline{T(kU)}$. 这表明，对任意 $y \in Y$ 且 $\|y\| < \eta$，存在点列 $\{x'_n\} \subset kU$，使得

$$Tx'_n \to y_0 + y \ (n \to \infty).$$

因为 $y_0 \in \overline{T(kU)}$，又存在点列 $\{x''_n\} \subset kU$，使得 $Tx''_n \to y_0 \ (n \to \infty)$. 又因为 $\qquad \|x'_n - x''_n\| \leq \|x'_n\| + \|x''_n\| < 2k$, 且 $T(x'_n - x''_n) \to y(n \to \infty)$，所以，对任意 $y \in Y$ 且 $\|y\| < \eta$，存在点列 $\{x_n\} \subset 2kU$，使得

$$Tx_n \to y \ (n \to \infty),$$

即 $\eta V \subset \overline{T(2kU)}$. 因此有 $\dfrac{\eta}{2k} V \subset \overline{T(U)}$. 进一步，$\dfrac{\eta}{2^{n+1}k} V \subset \overline{T\left(\dfrac{1}{2^n}U\right)}$ $(n \geq 0)$.

（2）令 $\delta = \dfrac{\eta}{2^2 k}$，则有 $\delta V \subset TU$.

由（1）知，$\delta V = \dfrac{\eta}{2^2 k} V \subset \overline{T\left(\dfrac{1}{2}U\right)}$，因此对任意 $y \in \delta V$，存在 $x_1 \in \dfrac{1}{2}U$，使得 $\qquad\qquad\qquad \|y - Tx_1\| < \dfrac{\eta}{2^3 k}$,

即 $y - Tx_1 \in \dfrac{\eta}{2^3 k} V$. 由（1）知，$\dfrac{\eta}{2^3 k} V \subset \overline{T\Big(\dfrac{1}{2^2} U\Big)}$，因此，存在 $x_2 \in \dfrac{1}{2^2} U$，使得

$$\| y - Tx_1 - Tx_2 \| < \dfrac{\eta}{2^4 k},$$

即 $y - Tx_1 - Tx_2 \in \dfrac{\eta}{2^4 k} V$. 由（1）知，$\dfrac{\eta}{2^4 k} V \subset \overline{T\Big(\dfrac{1}{2^3} U\Big)}$，因此，存在 $x_3 \in \dfrac{1}{2^3} U$，

使得 $$\| y - Tx_1 - Tx_2 - Tx_3 \| < \dfrac{\eta}{2^5}.$$

$$\cdots\cdots$$

依次类推，得到 X 中的点列 $\{x_n\}$，$x_n \in \dfrac{1}{2^n} U$，且

$$\Big\| y - \sum_{k=1}^{n} Tx_k \Big\| < \dfrac{\eta}{2^{n+2}}. \qquad (3-10)$$

因为 $\| x_n \| < \dfrac{1}{2^n}$ 且 X 是完备的，由本章定理 3.1.3 知，存在 $x \in X$，使

得 $x = \displaystyle\sum_{k=1}^{\infty} x_k$ 且

$$\| x \| \leqslant \sum_{k=1}^{\infty} \| x_k \| < \sum_{k=1}^{\infty} \dfrac{1}{2^k} = 1,$$

即 $x \in U$.

在式（3-10）中，令 $n \to \infty$，得 $\| y - Tx \| = 0$. 因此 $y = Tx \in TU$. **证毕.**

定理 3.6.6（逆算子定理） 设 T 是从 Banach 空间 X 到 Banach 空间 Y 中的有界线性算子. 若 T 是一一到上的，则 T^{-1} 是从 Banach 空间 Y 和 Banach 空间 X 上的有界线性算子.

证明： 由第二章命题 2.3.1 知，T^{-1} 是从 Y 到 X 上的线性算子.

设 U 和 V 分别为 X 和 Y 中的开单位球，则 X 的任一以 0 为心的 ε 邻域为 εU. 由定理 3.6.5 知，存在 $\delta > 0$，使得 $\delta \varepsilon V \subset T(\varepsilon U)$，即有 $T^{-1}(\delta \varepsilon V) \subset \varepsilon U$，而 $\delta \varepsilon V$ 是 Y 中以 0 为心的邻域. 这表明，T^{-1} 在 $0 \in Y$ 处连续，由定理 3.3.1 知，T^{-1} 是连续的，从而也是有界的. **证毕.**

定理 3.6.7（逆算子定理的应用） 设线性空间 X 在范数 $\| \cdot \|_1$ 和 $\| \cdot \|_2$ 下都是 Banach 空间. 若存在常数 $M > 0$，对任意 $x \in X$，$\| x \|_2 \leqslant M \| x \|_1$，则存在常数 $M' > 0$，对任意 $x \in X$，$\| x \|_1 \leqslant M' \| x \|_2$.

证明：记 $X_1 = (X, \|\cdot\|_1)$，$X_2 = (X, \|\cdot\|_2)$. 定义

$$T: X_1 \to X_2,$$

$$x \mapsto x.$$

显然，T 是一一到上的线性算子. 由已知条件，T 是有界的. 由定理 3.6.6 知，T^{-1} 是从 X_2 到 X_1 上的有界线性算子. 因此，存在常数 $M' > 0$，对任意 $x \in X_2 = X$，$\|x\|_1 = \|T^{-1}x\|_1 \leqslant M' \|x\|_2$. **证毕.**

注 3.6.1 定理 3.6.7 表明，同一线性空间在不同的范数下得到的 Banach 空间的结构是相似的.

定理 3.6.8（闭图像定理） 设 X 和 Y 是 Banach 空间，T 是 X 到 Y 中的线性算子. 对 X 中的任何点列 $\{x_n\}$，若 $\lim\limits_{n \to \infty} x_n = x \in X$ 且 $\lim\limits_{n \to \infty} Tx_n = y \in Y$，有 $y = Tx$，则 T 是有界的.

证明：由本章第一节习题 4 知，$X \oplus Y$ 在范数

$$\|(x, y)\| = \|x\| + \|y\|, \quad (x, y) \in X \oplus Y$$

下是 Banach 空间.

令 $G(T) = \{(x, Tx) \mid x \in X\}$，则由 T 的线性性可验证，$G(T)$ 是 $X \oplus Y$ 中的子空间. 由已知条件与第一章的定理 1.3.2(3) 知，$G(T)$ 是 $X \oplus Y$ 中的闭集. 再由第一章的定理 1.3.4 知，$G(T)$ 是完备的. 因此，$G(T)$ 是 Banach 空间.

定义 $P: G(T) \to X$，$P(x, Tx) = x$，$(x, Tx) \in G(T)$.

若 (x_1, Tx_1)，$(x_2, Tx_2) \in G(T)$ 且 $P(x_1, Tx_1) = P(x_2, Tx_2)$，则 $x_1 = x_2$，从而 $Tx_1 = Tx_2$. 因此 $(x_1, Tx_1) = (x_2, Tx_2)$. 这表明，$P$ 是一一对应的. 显然 P 是到上的.

又因为，对任意 $(x, Tx) \in G(T)$，

$$\|P(x, Tx)\| = \|x\| \leqslant \|x\| + \|Tx\| = \|(x, Tx)\|.$$

因此，P 是有界的.

由逆算子定理，P^{-1} 是从 X 到 $G(T)$ 上的有界线性算子. 因此，存在 $M > 0$，对任意 $x \in X$，

$$\|Tx\| \leqslant \|x\| + \|Tx\| = \|(x, Tx)\| = \|P^{-1}x\| \leqslant M \|x\|.$$

故 T 是有界的. **证毕.**

注 3.6.2 设 X 和 Y 是赋范线性空间，T 是 X 到 Y 中的线性算子. $X \oplus Y$ 的子集

$$G(T) = \{(x,\ Tx) \mid x \in X\}$$

称为算子 T 的图像. 如果 $G(T)$ 是 $X \oplus Y$ 中的闭集, 则称 T 是闭算子. 易验证, 有界算子一定是闭算子, 反之, 不一定成立. 定理 3.6.8 实际上表明, Banach 空间之间的闭算子一定是有界算子.

习　　题

1. 设 X 是 Banach 空间, $T \in B(X)$, λ 是常数且 $|\lambda| > \|T\|$. 证明: 对任意 $y \in X$, 算子方程 $(\lambda I - T)x = y$ 在 X 上存在唯一解 x. 这里 I 是 X 上的恒等算子.

2. 设 X 和 Y 是 Banach 空间, T 是 X 到 Y 中的线性算子. 证明: 若对任意 $\varphi \in Y'$, $\varphi \circ T$ 是 X 上的连续线性泛函, 则 T 是有界的.

阅读材料一：Riesz——现代分析的先行者

1880 年 1 月 22 日 Frigyes Riesz 生于匈牙利杰尔市 (Györ). Riesz 家庭背景良好, 他的父亲是一名医生, 而且 Riesz 当时所处的社会环境也非常好, 侧重于问题解决的数学教育氛围浓厚. 他的弟弟 Marcel Riesz (1886—1969) 也是一位著名的数学家, 更小的弟弟 S. Riesz 是一位成功的律师. Riesz 于 1956 年 2 月 28 日在布达佩斯 (Budapest) 逝世.[1-2]

Frigyes Riesz

Riesz 的中学时代在杰尔度过. 1897 年, 他在苏黎世联邦理工大学 (Swiss Federal Polytechnic) 注册学习工程学. 同年, 第一次世界数学家大会在苏黎世召开. 不久, Riesz 对数学产生了兴趣, 随后他于 1899—1901 年在布达佩斯大学学习数学. 在那里, Gyula König (1849—1913) 的课程更激发了 Riesz 对数学的热情. 然后他去哥廷根 (Göttingen) 访学一年, 并于 1902 年返回布达佩斯大学获得博士学位. 同年，Lebesgue 在法国巴黎以成功建立和发展 Lebesgue 积分理论获得博士学位. 相比 Lebesgue，Riesz 关于射影几何方面的博士论文影响甚微. 但他在哥廷根的访学对他之后的发展产生了重要影响. 当时的哥廷根是 Hilbert 领导的世界数学中心，彼时，Hilbert 正对积分方程充满兴趣. 在哥廷根访学中，Riesz 深受 Hilbert 和 Hermann Minkowski（1864—1909）的影响，并与 Erhard Schmidt（1876—1959）和 Hermann Weyl（1885—1955）建立了友谊，这为 Riesz 很快转入到一个完全不同的、现代的、分析的领域奠定了基础. 博士毕业之后，Riesz 曾在中学任教 2 年，有时也去法国巴黎游学，在那里，他结识了法国数学家 Lebesgue 和 Borel. 1912 年，Riesz 在克卢日（Kolozsvar）大学获得教职工作. 但 Riesz 的部分重要工作都是在 1912 年之前完成的.[1-2]

1906 年，Fréchet 的博士论文发表. 此时，Hilbert 在 $C[a, b]$ 上的积分方程工作中也取得重大成果. Riesz 敏锐地认识到，Hilbert 在积分方程工作中所应用的 $C[a, b]$ 的性质（即 $C[a, b]$ 中存在可数完全规范正交系. 我们将在下一章学习这部分知识），可以利用 Fréchet 在 $C[a, b]$ 中引入的度量理论巧妙得到. 再加上对 Lebesgue 可测函数理论的充分理解和掌握，Riesz 在 $[a, b]$ 上的有界 Lebesgue 可测函数集中也引入相应的度量：

$$d(f, g) = \left[\int_a^b |f(t) - g(t)|^2 \mathrm{d}t \right]^{\frac{1}{2}}$$

（其中，f 和 g 是 $[a, b]$ 上的有界可测函数），从而将 $C[a, b]$ 的这一性质推广到 $[a, b]$ 上的有界 Lebesgue 可测函数空间上. 随后，Riesz 认识到这样定义的度量完全可以推广至平方可积的 Lebesgue 可测函数上（即 $L^2[a, b]$），从而又将 $C[a, b]$ 的这一性质推广到 $L^2[a, b]$ 上. 在此基础上，1907 年，Riesz 将 Hilbert 在 $C[a, b]$ 上的积分方程工作推广至 $L^2[a, b]$，并与奥地利数学家 Ernst Sigismund Fischer（1875—1954）分别证明了 $L^2[a, b]$ 与 l^2 同构（该结论后来被称为 Fischer-Riesz 定理或 Riesz-Fischer 定理）. 由此，Riesz 给出了

$L^2[a, b]$ 上连续线性泛函的表示.[3-4]

　　说到连续线性泛函的表示，我们不得不重提已经介绍过的法国数学家 Fréchet. 受其导师 Hadamard 的影响，Fréchet 从 1904 年开始研究 $C[a, b]$ 上连续线性泛函的表示问题. 与 Hadamard 一样，Fréchet 也只能给出这类泛函的积分加极限的表示形式. 但 Fréchet 对此问题并没有放弃，他坚持不懈地深入思考，将这类表示问题扩展到更多的函数空间上，终于在 1907 年与 Riesz 分别采用不同的方法，给出了 $L^2[a, b]$ 上连续线性泛函的表示. 在方法技巧上，显然 Riesz 更胜一筹. 依赖于对函数积分理论和方法的娴熟运用，1909 年 Riesz 又利用 Thomas Joannes Stieltjes（1856—1894）积分，完全解决了始于 Hadamard，历经 Fréchet 多次考虑的 $C[a, b]$ 上连续线性泛函表示的问题.[5-6]

　　1910 年，Riesz 结合 Lebesgue 积分引入空间 $L^p[a, b]$（$p > 1$），其主要目的是在 $L^p[a, b]$（$p > 1$）上进一步考虑第二型积分方程的求解问题. 但显然，该论文[7]在历史上的影响远不仅仅是讨论这类空间上的积分求解问题. 在该论文中，Riesz 对 $L^p[a, b]$（$p > 1$）进行了深入的成熟讨论. 首先，将有限数列的 Hölder 不等式和 Minkowski 不等式，推广到 Lebesgue 积分的形式（即本章引理 3.2.1 和引理 3.2.2）；给出了 $L^p[a, b]$（$p > 1$）上连续线性泛函的表示，从而隐含了 $L^p[a, b]$（$p > 1$）与 $L^q[a, b]$ $\left(\dfrac{1}{p} + \dfrac{1}{q} = 1\right)$ 之间的共轭关系. 不仅如此，该论文隐含了诸多之后抽象定义的 Banach 空间理论中的范数，（强、弱）收敛，完备性等概念. 更重要的是，在希尔伯特代数化方法对于 $L^p[a, b]$（$p > 1$）上的第二型积分方程无效时，Riesz 引入了 $L^p[a, b]$（$p > 1$）上的有界算子，从算子的角度来看积分方程的求解问题，即定义 $L^p[a, b]$（$p > 1$）上的算子 T 为：

$$T: L^p[a, b] \rightarrow L^p[a, b],$$

$$Tf(x) = \int_a^b K(x, y) f(y) \, dy, f \in L^p[a, b],$$

且存在常数 $c > 0$，对任意 $f \in L^p[a, b]$，$\|Tf\| \leqslant c \|f\|$. 将第二型积

分方程

$$f(x) + \int_a^b K(x,y)f(y)\,\mathrm{d}y = \varphi(x), \qquad (3.1)$$

（其中，$\varphi\ (x)\in L^p[a,\ b]\,(p>1)$ 是已知函数，$f(x)\in L^p[a,\ b]\,(p>1)$ 是未知函数）转化为算子方程

$$(I+T)f = \varphi. \qquad (3.2)$$

这时积分方程（3.1）的求解问题就转化为算子方程（3.2）"在什么条件下，$\varphi\in\mathrm{Ran}\ (I+T)$"的问题. Riesz 这一文章具有多重意义. 在 Lebesgue 积分理论方面，该论文是 Lebesgue 积分理论创立之后的第一次充分应用；在泛函分析史上，该论文则标志着算子理论的开始，其地位被布尔巴基学派代表人物 Dieudonné 认为仅次于 Hilbert 1906 年的工作，位列第二.[2-4,7-8]

1913 年，Riesz 又引入空间 $l^p(p>1)$，考虑 $l^p(p>1)$ 上无穷线性方程组的求解问题，进行了类似于 $L^p[a,\ b]\ (p>1)$ 的讨论，给出了 $l^p(p>1)$ 上连续线性泛函的表示[9]. 1934 年，Riesz 又给出了不可分复 Hilbert 空间上连续线性泛函的表示[10]（我们将在下一章学习这一定理）. 由于 Riesz 在连续线性泛函表示方面的突出贡献，所有这些定理都被统称为 Riesz 表示定理. 随着一般拓扑和抽象代数的发展，该定理已被推广到更广泛的函数空间上.[4-5]

连续线性泛函的表示只是 Riesz 众多成就中的一小部分. 他在积分方程方面的工作对 Banach 空间和算子理论的创立起到了奠基性的作用. 他在 1918 年定义并充分研究了一类重要的算子——紧算子，解决了自 Fredholm 起，困扰分析学家多年的积分方程特征谱的问题. 他在次调和函数、共形映射以及遍历等理论中都做出了卓越的贡献. 现在很多实变函数教材中所采用的，从"简单函数"出发逐步定义 Lebesgue 积分的构造性方法，就是 Riesz 于 1920 年前后首创的.

Riesz 的工作无论是在语言上还是数学上表达都非常清晰，甚至堪称优美. 他侧重于通过抽象的方法论来解决具体的问题，体现了数学综合性和分析性的完美结合，Riesz 表示定理也充分表明了这一点. 当

他的工作中偏向于具体问题的解决时，Riesz 会用德文书写并发表在德国的期刊上，代表着"分析"派的德国数学界；而当他的工作倾向于抽象理论的发展时，Riesz 会用法文书写并发表在法国的期刊上，又代表着"综合"派的法国数学界. 因此，Riesz 被誉为数学界的"外交家". 但无论是使用母语（匈牙利语）、德语还是法语发表论文，Riesz 的工作都有一种让人读来感到愉悦的魅力. 他与他的学生 Béla Szökefalvi-Nagy（1913—1998）合著的《泛函分析》是数学界的珍宝.[1,5]

参考文献

[1] E Kreyszig. Friedrich Riesz als Wegbereiter der Funktionalanalysis[J]. Elemente der Mathematik,1990,45(5):117 – 130.

[2]J J O'Connor,E F Robertson. Frigyes Riesz[EB/OL]. (1997 – 04 – 01)[2018 – 01 – 29]. http://www-history. mcs. st-andrews. ac. uk/Biographies/Riesz. html.

[3]莫里斯·克莱因. 古今数学思想:第 4 册[M]. 邓东皋,张恭庆,等,译. 上海:上海科学技术出版社,2002:154 – 157.

[4]冯丽霞. 对偶空间理论的形成与发展[D]. 西安:西北大学,2016.

[5]D Gray. The shaping of the riesz representation theorem:A chapter in the history of analysis[J]. Archive for History of Exact Sciences,1984,31(2):127 – 187.

[6]F Riesz. Sur les opérations fonctionnelles linéaires[J]. Comptes Rendus Acad Sci Paris,1909,149(12):974 – 997.

[7]F Riesz. Untersuchungen über systeme integrierbarer funktionen[J]. Mathematische Annalen,1910,69(4):449 – 497.

[8]J Dieudonné. A history of functional analysis[M]. Amsterdam,New York,Oxford:North-Holland Publishing Company,1981:124 – 128.

[9]F Riesz. Les systèmes d'équations linéaires à une infinité d'inconnues[M]. Paris:Gauthier-Villars,1913.

[10]F Riesz. Zur Theorie des Hilbertschen Raumes[J]. Acta Sci Math (Szeged),1934,7:34 – 38.

阅读材料二：Banach——Banach 空间理论的统一者

1892 年 3 月 30 日 Stefan Banach 出生于波兰克拉科夫市（Krakow）的一个小村庄. 他的父亲 Stefan Greczek 是一名士兵，但是关于他的母亲 Katarzyna Banach 的信息知之甚少. 因为在 Banach 出生不久，他的母亲就离他而去. 而他的父亲对于他母亲的身份从未提起，但却赋予 Banach 母之姓，父之名. Banach 于 1945 年 8 月 31 日在利沃夫（Lvov）逝世.[1-3]

Stefan Banach

幼年的 Banach 先由他的祖母抚养，在他的祖母生病之后，又托付给一个洗衣店的老板娘和她的侄女抚养. 据说，洗衣店老板娘一家的一个法国朋友在 Banach 的早期教育中起到了一些作用.[3]

Banach 的小学和中学都是在克拉科夫度过的. 巧合的是，之后的另一位数学家 Witold Wilkosz（1891—1941）与 Banach 是中学同学（Banach 的中学阶段 1902—1910 年，Wilkosz 于 1906 年转学到另一所中学）. 在那里，Banach 和 Wilkosz 都已显示出他们的数学才能. 但在中学毕业后，Banach 去了利沃夫理工大学（Lvov Polytechnic）学习工程学，而 Wilkosz 选择了去雅盖伦大学（Jagiellonian University）学习东方语言学. 在 Banach 大学毕业后不久，就爆发了第一次世界大战. 因为眼疾，Banach 没有被征兵，他又回到了克拉科夫. 在那里，他当过中学老师、书店店员以及修路工人，也在雅盖伦大学旁听过数学课程等.[2-3]

1916 年，一件偶尔的事情改变了 Banach 的生活轨迹，他遇到了数学家 Hugo Steinhaus（1887—1972）. 据 Steinhaus 回忆，一天晚上，Steinhaus 正在克拉科夫的街道上散步，忽然听到有人在说"Lebesgue 测度". 这极大地引起了他的注意，因为在当时，"Lebesgue 测度"对于数学界来说还是"新鲜名词". 循着声音，Steinhaus 发现原来是两个年轻人在谈论数学. 通过交流，他得知其中一个年轻人叫 Banach，另一个年轻人叫 Otto Marcin Nikodym（1887—1974），而且他们还有一个要好的小伙伴叫 Wilkosz. Steinhaus 告诉了他们一个他正在考虑但还没解决的问题，几天后，Banach 拜访了 Steinhaus，并给出了正确答案. 从此，Banach 和 Steinhaus 成为终生朋友与合作者. Steinhaus 称 Banach 是他一生中"最大的发现". 他们与其他波兰数学家于 1919 年发起创办了波兰数学学会.[1,3]

1920 年，在 Steinhaus 的举荐下，自学成才的 Banach 在利沃夫理工大学获得教职工作. 但没有学位的 Banach 令校方感到很尴尬. 据说，Banach 为此有些被动地提交了博士学位论文《抽象集上的算子及其在积分方程中的应用》[4]，并在无意中通过了校方有意为他组织的考试.[1]

Banach 博士论文的发表，对于数学界来说，可谓是"横空出世". 因为经过 Volterra、Hadamard、Fréchet、Hilbert、Riesz、Eduard Helly（1884—1943）、Hans Hahn（1879—1934）等数学家工作的发展，一个新的学科即将"呼之欲出"，而现在唯一缺乏的是对这些数学家工作的"高度抽象化、统一化和公理化". Banach 的博士论文适时准确地完成了这一步. 数学界大多认为，Banach 博士论文的发表标志着泛函分析学科的诞生. 我们在本章中所学到的 Banach 空间的定义、线性算子的连续性、有界性等价的定理以及一致有界性定理都已体现在这篇论文中.[5-7]

1929 年，Banach 在泛函分析领域的另两篇重要文章[8-9]发表. 该文对赋范线性空间上的连续线性泛函展开深入讨论，推广了 Hahn 泛函延拓定理. 这就是我们今天所看到的 Hahn - Banach 泛函延拓定理. 该文的发表标志着赋范线性空间对偶空间理论的建立.[6,10]

1932 年，Banach 的专著《线性算子理论》[11]出版. 该书全面展示了当时关于赋范线性空间的所有成果，我们所学习的闭图定理首次出现在该书中. 该书的出版在数学界散发出极大的吸引力，使人们认识到泛函分析这一新方法、新工具在解决各类问题的超强能力. Banach 在书中的名词和术语被广泛接纳和采用，泛函分析成为大学研究生必修内容.[7,12]

在 Banach 数学生涯的趣闻中，利沃夫一家 Scottish Café 常常被提起. 这里曾是一批数学家聚会、交谈、提出问题、解决问题的固定场所. 据说，刚开始，这些数学家会将解决问题的方法写在咖啡馆里的大理石桌面上，待他们走后，服务员都会擦洗干净. 为了保存这些证明和结论，Banach 的妻子只好准备了一个特别的笔记本，交给服务员保管，以供这些数学家需要时使用. 如今，这家咖啡馆早已物是人非，而那本笔记本在第二次世界大战中幸存下来并出版，现被称为"The Scottish Book".[1]

参考文献

[1]K Ciesielski. On Stefan Banach and some of his results[J]. Banach J Math Anal,2007,1(1):1 –10.

[2]J Noe. Stefan Banach [EB/OL]. (2005 – 03 – 17)[2018 – 03 – 26]. http://math. ucdenver. edu/ ~ wcherowi/ courses/ m4010/ s05/ noe. pdf.

[3]J J O'Connor,E F Robertson. Stefan Banach[EB/OL]. (2000 – 02 – 01)[2018 –02 – 01]. http://www-history. mcs. st-andrews. ac. uk/Biographies/Banach. html.

[4]S Banach. Sur les opérations dans les ensembles abstraits et leur application aux équations intégrales[J]. Fund Math,1922,3(1):133 – 181.

[5]A Pietsch. History of Banach space and linear operator[M]. Boston:Birkhauser, 2007:1 –2.

[6]莫里斯·克莱因. 古今数学思想:第4册[M]. 邓东皋,张恭庆,等,译. 上海:上海科学技术出版社,2002:174 – 179.

[7]冯丽霞. 对偶空间理论的形成历史与发展[D]. 西安:西北大学,2016.

[8]S Banach. Sur les fonctionelles linéaires I[J]. Studia Mathematica,1929,1(1):211 –216.

[9]S Banach. Sur les fonctionnelles linéaires II[J]. Studia Mathematica,1929,1(1):223 –239.

[10]M Bernkopf. The development of function spaces with particular reference to their origins in integral equation theory[J]. Archive for History of Exact Sciences,1966,3(1):1 –96.

[11]S Banach. Théorie des opérations linéaires[M]. Mazowieckie:Warszawa,1932.

[12]J Dieudonné. A history of functional analysis[M]. Amsterdam,New York,Oxford:North-Holland Publishing Company,1981:142 – 143.

第四章　Hilbert 空间与共轭算子

通过上一章的学习，我们已经知道，赋范线性空间上的范数是 $\mathbf{R}^n$ 中向量模长概念的推广. 对于 $\mathbf{R}^n$ 中的向量，还有一个重要的概念是"夹角"，即向量和向量的夹角. 而向量之间的夹角可以通过引入向量和向量的数性积（或点积）并与向量的模长一起来量化.

设 x, $y \in \mathbf{R}^n$, $\angle(x, y)$ 表示向量 x, y 的夹角，则

$$\cos\angle(x, y) = \frac{x \cdot y}{|x||y|},$$

其中，$x \cdot y$ 表示向量 x, y 的数性积，$|x|$, $|y|$ 分别表示向量 x 和 y 的模长.

有了夹角的量化，就可以将两个向量的垂直关系解析化，从而进一步刻画向量的投影. 特别地，引入向量和向量的数性积，不仅能与模长一起量化夹角，而且数性积本身也能刻画模长. 即有

$$|x|^2 = x \cdot x.$$

由此我们看到，"数性积"概念的引入将 $\mathbf{R}^n$ 中的两个重要概念"模长"和"夹角"代数化.

本章，我们在一般的线性空间中定义数性积的概念，即内积，从而在线性空间中建立几何结构，得到内积空间. 由此出发，可以在内积空间中进行类似于 $\mathbf{R}^n$ 中的几何分析. 特别地，我们会看到，对于一类完备的内积空间——Hilbert 空间而言，其上的几何结构更为完美. 相应地，这类空间上具有更为丰富的有界线性算子理论.

第一节　内积空间与 Hilbert 空间的定义及其例子

本节我们学习内积空间和 Hilbert 空间的定义以及一些常见的 Hilbert 空间的例子. 我们也会看到内积空间中内积以及其诱导范数的一些特有

性质.

一、内积空间和 Hilbert 空间的定义

定义 4.1.1（内积空间） 设 X 是数域 F 上的线性空间. 如果对 X 中任意两个向量 x，y，有一数 $\langle x, y \rangle \in F$ 与之对应，并且满足下列条件：

(1)（正定性）对任意 $x \in X$，$\langle x, x \rangle \geqslant 0$，且 $\langle x, x \rangle = 0$ 等价于 $x = 0$；

(2)（关于第一个向量的线性性）对任意 x，y，$z \in X$ 及 a，$b \in F$，

$$\langle ax + by, z \rangle = a\langle x, z \rangle + b\langle y, z \rangle;$$

(3)（共轭对称性）对任意 x，$y \in X$，$\langle x, y \rangle = \overline{\langle y, x \rangle}$.

则称 $\langle \cdot, \cdot \rangle$ 为 X 上的一个内积，即 $\langle x, y \rangle$ 为 x 与 y 的内积，此时称 X 为内积空间.

注 4.1.1 若 X 为内积空间，则由性质（2）和（3）可得，

(1) 对任意 x，y，$z \in X$ 及 a，$b \in F$，$\langle x, ay + bz \rangle = \bar{a}\langle x, y \rangle + \bar{b}\langle x, z \rangle$；

(2) 对任意 $x \in X$，$\langle x, 0 \rangle = \langle 0, x \rangle = 0$.

注 4.1.2 若 X 是实线性空间，则相应的内积空间称为实内积空间. 若 X 是复线性空间，相应的内积空间称为复内积空间. 在实内积空间中，所谓的共轭对称性实为对称性.

引理 4.1.1 （**Cauchy-Schwarz 不等式**）设 X 是内积空间，则对任意 x，$y \in X$，

$$|\langle x, y \rangle|^2 \leqslant \langle x, x \rangle \cdot \langle y, y \rangle.$$

式中等号成立当且仅当 x 与 y 线性相关.

证明： 若 $x = 0$ 或 $y = 0$，则 $|\langle x, y \rangle| = 0 = \langle x, x \rangle \cdot \langle y, y \rangle$. 下设 $x \neq 0$ 且 $y \neq 0$.

对任意 $a \in F$，

$$0 \leqslant \langle x + ay, x + ay \rangle = \langle x, x \rangle + \bar{a}\langle x, y \rangle + a\langle y, x \rangle + |a|^2 \langle y, y \rangle.$$

$$(4-1)$$

取 $a = -\dfrac{\langle x, y \rangle}{\langle y, y \rangle}$，则有

$$0 \leqslant \langle x, x \rangle - \frac{|\langle x, y \rangle|^2}{\langle y, y \rangle}.$$

因此 $|\langle x, y \rangle| \leqslant \langle x, x \rangle \cdot \langle y, y \rangle$.

若 x 与 y 线性相关，不失一般性，设 $x = cy$，$c \in F$，则

$$|\langle x, y \rangle|^2 = |\langle cy, y \rangle|^2 = |c|^2 \langle y, y \rangle^2 = \langle x, x \rangle \cdot \langle y, y \rangle.$$

另外，设 $|\langle x, y \rangle|^2 = \langle x, x \rangle \cdot \langle y, y \rangle$. 若 $x = 0$ 或 $y = 0$，则显然 x 与 y 线性相关. 下设 $x \neq 0$ 且 $y \neq 0$. 在式（4-1）中令 $a = -\dfrac{\langle x, y \rangle}{\|y\|^2}$，则有

$$0 \leqslant \langle x + ay, x + ay \rangle = \langle x, x \rangle - \frac{|\langle x, y \rangle|^2}{\langle y, y \rangle} = 0.$$

因此

$$\langle x + ay, x + ay \rangle = 0.$$

故 $x + ay = 0$. 所以 x 与 y 线性相关. **证毕.**

定理 4.1.2（内积空间是赋范线性空间） 设 X 是内积空间. 对任意 $x \in X$，定义

$$\|x\| = \langle x, x \rangle^{\frac{1}{2}},$$

则 $\|x\|$ 是 x 的范数. 从而 X 是赋范线性空间.

证明：（1）易证 $\|x\| \geqslant 0$，且 $\|x\| = 0$ 当且仅当 $x = 0$；

（2）易证 $\|ax\| = |a| \|x\|$，$a \in F$.

（3）三角不等式性. 对任意 $x, y \in X$，因为

$$\begin{aligned}
\|x + y\|^2 = \langle x + y, x + y \rangle &= \|x\|^2 + \langle x, y \rangle + \langle y, x \rangle + \|y\|^2 \\
&= \|x\|^2 + 2\mathrm{Re}\langle x, y \rangle + \|y\|^2 \\
&\leqslant \|x\|^2 + 2|\langle x, y \rangle| + \|y\|^2 \\
&\leqslant \|x\|^2 + 2\|x\|\|y\| + \|y\|^2 \\
&\quad \text{（由 Cauchy-Schwarz 不等式得）} \\
&= (\|x\| + \|y\|)^2,
\end{aligned}$$

所以 $\|x + y\| \leqslant \|x\| + \|y\|$. **证毕.**

注 4.1.3 设 X 是内积空间，$x, y \in X$，由定理 4.1.2 知，Cauchy-Schwarz 不等式又可以表示为

$$|\langle x, y \rangle| \leqslant \|x\|\|y\|.$$

既然内积空间是赋范线性空间，那么在其内积诱导范数完备下的内积空间更为重要，这就是 Hilbert 空间.

定义 4.1.2（Hilbert 空间） 若内积空间 X 在其内积诱导出的范数下完备，则称 X 是 Hilbert 空间，即完备的内积空间称为 Hilbert 空间.

二、内积空间，Hilbert 空间的例子

例 4.1.1 $\mathbf{C}^n$.

由第二章例 2.1.1 知，$\mathbf{C}^n$ 按照向量通常的加法和数乘运算成为线性空间.

对任意 $x = (x_1,\ x_2,\ \cdots,\ x_n)$，$y = (y_1,\ y_2,\ \cdots,\ y_n) \in \mathbf{C}^n$，定义

$$\langle x,\ y \rangle = \sum_{k=1}^{n} x_k \overline{y_k}.$$

容易验证，$\langle x,\ y \rangle$ 是 x 和 y 的内积. 由上述内积所诱导的范数为

$$\| x \| = \langle x,\ x \rangle^{\frac{1}{2}} = \Big(\sum_{k=1}^{n} | x_k |^2 \Big)^{\frac{1}{2}}.$$

这一诱导范数与第三章例 3.1.1 中 $\mathbf{C}^n$ 是 Banach 空间中的范数一致，因此，$\mathbf{C}^n$ 在如上定义的内积下是 Hilbert 空间.

例 4.1.2 l^2.

由第二章例 2.1.3 知，l^2 是线性空间.

对任意 $x = (\xi_1,\ \xi_2,\ \cdots,\ \xi_k,\ \cdots)$，$y = (\eta_1,\ \eta_2,\ \cdots,\ \eta_k,\ \cdots) \in l^2$，定义

$$\langle x,\ y \rangle = \sum_{k=1}^{\infty} \xi_k \overline{\eta_k}.$$

容易验证，$\langle x,\ y \rangle$ 是 x 和 y 的内积. l^2 按上述内积也成为 Hilbert 空间. 这是因为由上述内积诱导出 l^2 中的范数为

$$\| x \| = \Big(\sum_{k=1}^{\infty} | \xi_k |^2 \Big)^{\frac{1}{2}}.$$

由第三章定理 3.2.7 知，l^2 在上述范数下完备. 因此，l^2 在如上定义的内积下是 Hilbert 空间.

例 4.1.3 $L^2[a,\ b]$.

由第二章例 2.1.4 知，$L^2[a,\ b]$ 是线性空间.

对任意 $f, g \in L^2[a,\ b]$，定义

$$\langle f,\ g \rangle = \int_a^b f(t)\, \overline{g(t)}\, \mathrm{d}t.$$

易知，$L^2[a,\ b]$ 按上述内积成为内积空间. $L^2[a,\ b]$ 由上述内积导出的范数为

$$\|f\| = \left[\int_a^b |f(t)|^2 \mathrm{d}t\right]^{\frac{1}{2}}.$$

由第三章的定理 3.2.4 知，$L^2[a,b]$ 在上述范数下完备. 故 $L^2[a,b]$ 在如上定义的内积下是 Hilbert 空间.

注 4.1.4　一般我们说 l^2，$L^2[a,b]$ 等是 Hilbert 空间时，指其上的内积即按如上定义.

三、内积空间中内积，范数的性质

命题 4.1.3　设 X 是内积空间.

（1）（平行四边形法则）对任意 $x,y \in X$，
$$\|x+y\|^2 + \|x-y\|^2 = 2(\|x\|^2 + \|y\|^2).$$

（2）（极化恒等式）若 $F = \mathbf{C}$，则对任意 $x,y \in X$，
$$\langle x,y \rangle = \frac{1}{4}(\|x+y\|^2 - \|x-y\|^2 + \mathrm{i}\|x+\mathrm{i}y\|^2 - \mathrm{i}\|x-\mathrm{i}y\|^2).$$

若 $F = \mathbf{R}$，则对任意 $x,y \in X$，
$$\langle x,y \rangle = \frac{1}{4}(\|x+y\|^2 - \|x-y\|^2).$$

（3）（内积的自有连续性）设 $\{x_n\}$，$\{y_n\} \subset X$ 且 $\lim_{n\to\infty} x_n = x \in X$，$\lim_{n\to\infty} y_n = y \in X$，则
$$\lim_{n\to\infty} \langle x_n, y_n \rangle = \langle x,y \rangle.$$

注 4.1.5　由命题 4.1.3（1）可以检验，不是由内积诱导出范数的赋范线性空间，即非内积空间的赋范线性空间. 例如，当 $p \neq 2$ 时，l^p 按 $\|\cdot\|_p$ 不成为内积空间. 因为对于 $x = (1,1,0,0,\cdots)$，$y = (1,-1,0,0,\cdots)$，有 $x,y \in l^p$ 且 $\|x\|_p = \|y\|_p = 2^{\frac{1}{p}}$，但 $\|x+y\|_p = \|x-y\|_p = 2$. 因此
$$\|x+y\|^2 + \|x-y\|^2 \neq 2(\|x\|^2 + \|y\|^2).$$
所以，l^p（$p \neq 2$）不满足平行四边形法则. 这说明，l^p（$p \neq 2$）中的范数不能由内积导出，因而不是内积空间.

习　题

1. 设 X 是 n 维线性空间，$e_1, e_2, \cdots, e_n$ 是 X 的一组基. $A = (a_{jk}$ 是

$n \times n$ 正定矩阵. 对任意 $x = \sum\limits_{k=1}^{n} \xi_k e_k$, $y = \sum\limits_{k=1}^{n} \eta_k e_k$, 定义

$$\langle x, y \rangle = \sum_{j,k=1}^{n} \xi_j a_{jk} \overline{\eta_k}.$$

证明: $\langle , \rangle$ 是 X 上的内积. 反之, 设 X 是内积空间, 则必存在 $n \times n$ 正定方阵 $A = (a_{jk})$, 使得上式成立.

2. 设 X 是内积空间. 证明: 对任意 $x, y, z \in X$,

$$\| z - x \|^2 + \| z - y \|^2 = \frac{1}{2} \| x - y \|^2 + 2 \left\| z - \frac{x+y}{2} \right\|^2.$$

3. 设 X 是内积空间, $x, y \in X$. 证明: 若对任意 $z \in X$, $\langle x, z \rangle = \langle y, z \rangle$, 则 $x = y$.

4. 设 X 是内积空间, $x, y \in X$ 且 $y \neq 0$. 证明: $\| x + y \| = \| x \| + \| y \|$ 当且仅当存在 $c \in F$ 使得 $x = cy$.

第二节　投影定理

我们已经非常熟悉, 在 2 维实平面 $\mathbf{R}^2$ 或 3 维实空间 $\mathbf{R}^3$ 中, 如果两个向量的夹角是 90°, 就说这两个向量是互相垂直或正交的. 这一概念也可以推广到一般的内积空间中. 我们知道, 2 维实平面 $\mathbf{R}^2$ 可以分解为互相垂直的两部分, $\mathbf{R}^2 = X + Y$, 其中 X, Y 分别是实坐标轴和虚坐标轴所代表的子空间; 3 维实空间 $\mathbf{R}^3$ 也可以分解为互相垂直的两部分, $\mathbf{R}^3 = XOY + Z$, 其中 XOY 表示 X 轴和 Y 轴确定的坐标平面所代表的子空间, Z 表示 Z 坐标轴所代表的子空间. 当然这样的分解并不是唯一的. 比如, $\mathbf{R}^2$ 还可以分解为 $\mathbf{R}^2 = X' + Y'$, 其中 X', Y' 分别表示直线 $y = x$ 和 $y = -x$ 所代表的子空间. 本节我们将有限维欧氏空间的这一性质推广到 Hilbert 空间上, 即为投影定理.

投影定理: 设 Y 是 Hilbert 空间 X 的闭子空间, 那么 $X = Y \dotplus Y^{\perp}$.

本节我们先对上述定理中的记号作出解释, 然后通过逐步分析给出该定理的证明.

一、内积空间中的基本概念——正交, 正交补, 正交和

定义 4.2.1 (正交)　设 X 是内积空间, $x, y \in X$. 如果

$$\langle x,\ y \rangle = 0,$$

则称 x 与 y 互相垂直或正交，记为 $x \perp y$.

如果 X 的子集 A 中每个向量都与子集 B 中的每个向量正交，则称 A 与 B 正交，记为 $A \perp B$. 特别当 A 只含有一点 x 时，则称 x 与 B 正交，记为 $x \perp B$.

关于互相正交的向量，有如下结论. 这实际上就是直角三角形两个直角边和斜边长度关系式的推广.

命题 4.2.1（The Pythagorean 公式）　设 X 是内积空间，$x_1,\ x_2,\ \cdots,$ x_n 是 X 中互相正交的向量，则

$$\| x_1 + x_2 + \cdots + x_n \|^2 = \| x_1 \|^2 + \| x_2 \|^2 + \cdots + \| x_n \|^2.$$

定义 4.2.2（正交补）　设 X 是内积空间，E 是 X 的子集. 称集合

$$E^{\perp} = \{ x \in X \mid x \perp E \}$$

为 E 在 X 中的正交补.

命题 4.2.2（正交补的性质）　设 X 是内积空间，E 是 X 的子集.

（1）$E^{\perp}$ 是 X 中的闭线性子空间；

（2）若 E 是 X 中的线性子空间，则 $E \cap E^{\perp} = \{0\}$；

（3）设 D 是 X 的子集且 $D \subset E \subset X$，则 $E^{\perp} \subset D^{\perp}$；

（4）$E^{\perp} = (\operatorname{span} E)^{\perp} = \overline{(\operatorname{span} E)}^{\perp}$；

（5）$E \subset E^{\perp\perp}$，其中 $E^{\perp\perp} = (E^{\perp})^{\perp}$.

证明：（4）因为 $E \subset (\operatorname{span} E) \subset \overline{(\operatorname{span} E)}$，由（3）得，

$$\overline{(\operatorname{span} E)}^{\perp} \subset (\operatorname{span} E)^{\perp} \subset E^{\perp}.$$

下证 $E^{\perp} \subset \overline{(\operatorname{span} E)}^{\perp}$ 即可.

设 $x \in E^{\perp}$. 对任意 $y \in \overline{\operatorname{span} E}$，由第一章定理 1.3.2（3）知，存在 $\operatorname{span} E$ 中的向量列 $\{y_n\}$ 使得 $\lim\limits_{n \to \infty} y_n = y$. 对任意 n，$y_n \in \operatorname{span} E$，因此，存在 E 中的向量 $x_{n1},\ x_{n2},\ \cdots,\ x_{nk_n}$ 以及数 $a_{n1},\ a_{n2},\ \cdots,\ a_{nk_n}$，使得 $y_n = a_{n1}x_{n1} + a_{n2}x_{n2} + \cdots + a_{nk_n}x_{nk_n}$. 故

$$\langle x,\ y \rangle = \lim_{n \to \infty} \langle x,\ y_n \rangle = \lim_{n \to \infty} \sum_{j=1}^{k_n} a_{nj} \langle x,\ x_{nj} \rangle = 0.$$

因此 $x \in \overline{(\operatorname{span} E)}^{\perp}$. **证毕.**

定义 4.2.3（正交和）　设 X 是内积空间，$Y,\ Z$ 是 X 的子空间. 若 $X = Y + Z$ 且 $Y \perp Z$，称 X 是 Y 和 Z 的正交和.

二、投影定理

定理 4.2.3（投影定理） 设 Y 是 Hilbert 空间 X 的闭子空间，则有
$$X = Y + Y^{\perp}.$$

证明投影定理，即要证明：对任意 $x \in X$，存在 $y \in Y$ 及 $z \in Y^{\perp}$，使得
$$x = y + z.$$
此时，有
$$x - y = z \in Y^{\perp}.$$
因此问题转化为，证明：对任意 $x \in X$，存在 $y \in Y$，使得
$$x - y \perp Y.$$

下面的命题给出了在什么条件下 $x - y \perp Y$.

命题 4.2.4 设 X 是内积空间，Y 是 X 的子空间，$x \in X$. 若存在 $y \in Y$，使得 $\| x - y \| = d(x, Y)$，则 $x - y \perp Y$.

证明：任取 $z \in Y$. 若 $z = 0$，则显然有 $\langle x - y, z \rangle = 0$. 若 $z \neq 0$，则对任意 $a \in F$，有 $y + az \in Y$. 因此
$$
\begin{aligned}
\| x - y \|^2 &\leqslant \| x - y - az \|^2 = \langle x - y - az, x - y - az \rangle \\
&= \| x - y \|^2 - \bar{a}\langle x - y, z \rangle - a\langle z, x - y \rangle + |a|^2 \| z \|^2.
\end{aligned}
$$
故
$$0 \leqslant -\bar{a}\langle x - y, z \rangle - a\langle z, x - y \rangle + |a|^2 \| z \|^2.$$
取 $a = \dfrac{\langle x - y, z \rangle}{\| z \|^2}$，则有
$$0 \leqslant -\frac{|\langle x - y, z \rangle|^2}{\| z \|^2} \leqslant 0.$$
因此 $\langle x - y, z \rangle = 0$，故 $x - y \perp Y$. **证毕**.

由命题 4.2.4 知，投影定理的证明又转化为：对任意 $x \in X$，是否存在 $y \in Y$，使得
$$\| x - y \| = d(x, Y).$$

下面的命题表明，在完备的条件下，回答是肯定的.

命题 4.2.5 设 X 是内积空间，Y 是 X 的完备子空间，则对任意 $x \in X$，存在唯一的 $y \in Y$，使得 $\| x - y \| = d(x, Y)$.

证明：记 $a = d(x, Y)$.

存在性. 因为 $d(x, Y) = \inf\limits_{y \in Y} \| x - y \|$，所以存在 Y 中的点列 $\{y_n\}$，使得

$$\lim_{n \to \infty} \| x - y_n \| = a. \qquad (4-2)$$

下面证明 $\{y_n\}$ 是 Y 中的 Cauchy 列.

因为 $\| y_n - y_m \|^2 = \| y_n - x + x - y_m \|^2$

$$= 2(\| y_n - x \|^2 + \| y_m - x \|^2) - \| y_n - x + y_m - x \|^2$$

$$= 2(\| y_n - x \|^2 + \| y_m - x \|^2) - 4 \left\| \frac{y_n + y_m}{2} - x \right\|^2,$$

且因为 $\dfrac{y_n + y_m}{2} \in Y$，有 $\left\| \dfrac{y_n + y_m}{2} - x \right\| \geq a$，所以

$$\| y_n - y_m \|^2 \leq 2(\| y_n - x \|^2 + \| y_m - x \|^2) - 4a.$$

因此，当 $n, m \to \infty$，有 $\| y_n - y_m \|^2 \to 0$. 这表明，$\{y_n\}$ 是 Y 中的 Cauchy 列. 又因为 Y 是 X 的完备子空间，因此，存在 $y \in Y$，$\lim\limits_{n \to \infty} y_n = y$. 由式 (4-2) 得，

$$\| x - y \| = a.$$

唯一性. 若存在 $z \in Y$ 且 $\| x - z \| = a$，则

$$\| z - y \|^2 = \| z - x + x - y \|^2 = 2(\| z - x \|^2 + \| x - y \|^2) - 4 \left\| \frac{z + y}{2} - x \right\|^2.$$

因为 $\dfrac{z + y}{2} \in Y$，$\left\| \dfrac{z + y}{2} - x \right\| \geq a$，所以

$$\| z - y \|^2 \leq 2(a^2 + a^2) - 4a^2 = 0.$$

因此 $z = y$. **证毕.**

注 4.2.1　命题 4.2.4 和命题 4.2.5 实际上是欧氏空间中两个非常熟悉的事实在 Hilbert 空间上的推广. 令 $X = \mathbf{R}^2$，Y 表示代表 $\mathbf{R}^2$ 的 xOy 平面中的 x 轴（图 4-1）. 在 xOy 平面中任取一点 A (x_0, y_0)，命题 4.2.5 表明，在 x 轴上（即空间 Y 中）存在唯一的点 B，使得点 A 与点 B 的距离是 A 到 x 轴上的最短距离. 而命题 4.2.4 表明，向量 $\overrightarrow{AB}$ 垂直于 x 轴.

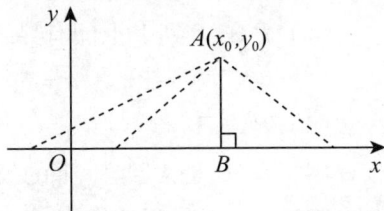

图 4-1

综合命题 4.2.4 和命题 4.2.5，可以得到投影定理的证明.

（定理 4.2.3 的）证明：因为 X 是 Hilbert 空间，Y 是 X 的闭子空间，

由第一章定理 1.3.4 得，Y 是 X 的完备子空间. 由命题 4.2.5 得，对任意 $x \in X$，存在 $y \in Y$，使得 $\| x - y \| = d(x, Y)$. 再由命题 4.2.4 得，$x - y \perp Y$. 令 $z = x - y$，则 $z \in Y^\perp$，且 $x = y + z$. **证毕.**

注 4.2.2 定理 4.2.3 中实际上也蕴含了 X 中任意向量关于 Y 和 $Y^\perp$ 分解的唯一性，即对任意 $x \in X$，若存在 y，$y_1 \in Y$，z，$z_1 \in Y^\perp$，使得 $x = y + z = y_1 + z_1$，则必有 $y = y_1$，$z_1 = z$.

推论 4.2.6 设 Y 是 Hilbert 空间 X 的子空间，则 $Y = Y^{\perp\perp}$ 当且仅当 Y 是闭的.

证明： "$\Rightarrow$". 设 $Y = Y^{\perp\perp}$，则 Y 是 $Y^\perp$ 的正交补，故 Y 是闭的.

"$\Leftarrow$". 设 Y 是闭的. 由投影定理，$X = Y \dot{+} Y^\perp$. 又因为 $Y^\perp$ 也是闭子空间，由投影定理，又有 $X = Y^\perp \dot{+} Y^{\perp\perp}$. **证毕.**

三、正交投影

定义 4.2.4（正交投影） 设 Y 是 Hilbert 空间 X 的闭子空间. 由投影定理，对任意 $x \in X$，存在唯一的 $y \in Y$，$z \in Y^\perp$，使得 $x = y + z$. 称 y 为 x 在空间 Y 中的正交投影，简称为投影.

定义 4.2.5（投影算子） 设 Y 是 Hilbert 空间 X 的闭子空间. 定义 $P: X \to Y$，对任意 $x \in X$，Px 是 x 在 Y 中的投影，称 P 为 X 到 Y 上的投影算子.

命题 4.2.7（投影算子的性质） 设 Y 是 Hilbert 空间 X 的闭子空间，P 为 X 到 Y 上的投影算子，则

（1）P 是 X 到 Y 上的有界线性算子，且当 $Y \neq \{0\}$ 时，$\| P \| = 1$；

（2）对任意 $y \in Y$，$Py = y$；对任意 $z \in Y^\perp$，$Pz = 0$；

（3）$P^2 = P$；

（4）$I - P$ 是 X 到 $Y^\perp$ 上的投影算子.

证明： （3）因为对任意 $x \in X$，$Px \in Y$. 由（2）得，$PPx = Px$，即 $P^2 = P$. **证毕.**

习 题

1. 设 X 是复内积空间，x，$y \in X$. 证明：$x \perp y$ 当且仅当对任意 $a \in \mathbf{C}$，

$\|x+ay\|=\|x-ay\|$；当且仅当对任意 $a\in\mathbf{C}$，$\|x+ay\|\geqslant\|x\|$.

2. 设 E 是内积空间 X 的子集. 证明：$E^{\perp\perp}$ 是包含 E 的最小闭子空间.

3. 设 Y 是 Hilbert 空间 X 的闭子空间，P 是从 X 到 Y 上的投影算子. 证明：$I-P$ 是从 X 到 $Y^{\perp}$ 上的投影算子.

4. 计算 $\min\limits_{a,b,c\in\mathbf{C}}\int_{-1}^{1}|x^3-a-bx-cx^2|^2\mathrm{d}x$.

第三节　Hilbert 空间中的完全规范正交系

从线性空间的角度来看，$\mathbf{R}^n$ 中的向量 $e_1=(1,\,0,\,0,\,\cdots,\,0)$，$e_2=(0,\,1,\,0,\,\cdots,\,0)$，$\cdots$，$e_n=(0,\,0,\,0,\,\cdots,\,1)$ 是 $\mathbf{R}^n$ 的一组基；进一步，从内积空间的角度来看，这组基中的向量两两正交且模长都为 1. 当然满足这一条件的基并不是唯一的. 我们将这样的一组基习惯上称为标准正交基. 标准正交基的存在使得 $\mathbf{R}^n$ 中的向量被进一步唯一分解，从而使几何问题进一步代数化. 本节我们将 $\mathbf{R}^n$ 中的这一性质推广至 Hilbert 空间. 首先，在内积空间中引入由标准正交基抽象出来的完全规范正交系的概念，并证明 Hilbert 空间中完全规范正交系的存在性. 最后，表明确如 $\mathbf{R}^n$ 中的每个向量都可由其标准正交基线性表出一样，Hilbert 空间中的向量也可以表示为其完全规范正交系的"线性组合"形式.

一、完全规范正交系

定义 4.3.1（规范正交系）　设 E 是内积空间 X 的一个子集. 若 E 中向量两两正交，且每个向量的范数都为 1，则称 E 为 X 中的规范正交系.

注 4.3.1　规范正交系 E 是 X 中的线性无关子集.

定义 4.3.2（完全规范正交系）　设 E 是内积空间 X 中的规范正交系. 如果

$$\overline{\mathrm{span}\,E}=X,$$

则称 E 是 X 中的完全规范正交系.

那么，内积空间中是否存在完全规范正交系呢？下面的定理给出了答案.

定理 4.3.1（完全规范正交系的存在性）　每个非零 Hilbert 空间必有

完全规范正交系.

我们分两种情形给出定理 4.3.1 的证明, 可分 Hilbert 空间和一般 Hilbert 空间. 一个 Hilbert 空间称为可分的, 是指其存在一个可数子集, 该可数子集的线性包是全空间的稠密子集. 对于可分 Hilbert 空间, 可通过对其可数稠密子集规范正交化得到其完全规范正交系. 对于一般的 Hilbert 空间, Zorn 引理保证了其完全规范正交系的存在.

引理 4.3.2（Cram-Schmidt 正交化过程） 设 $\{x_1, x_2, \cdots\}$ 是内积空间 X 中有限或可数个线性无关向量, 那么必有 X 中规范正交系 $\{e_1, e_2, \cdots\}$, 对任意 n, 有

$$\text{span}\{e_1, e_2, \cdots, e_n\} = \text{span}\{x_1, x_2, \cdots, x_n\}.$$

证明： 不妨设 $\{x_1, x_2, \cdots\}$ 是可数个线性无关向量.

令 $e_1 = \dfrac{x_1}{\|x_1\|}$, 则 $\|e_1\| = 1$, $\text{span}\{e_1\} = \text{span}\{x_1\}$;

令 $f_2 = x_2 - \langle x_2, e_1 \rangle e_1$, 则 $f_2 \neq 0$, $f_2 \perp e_1$. 令 $e_2 = \dfrac{f_2}{\|f_2\|}$, 则 $\|e_2\| = 1$, $e_2 \perp e_1$, 且 $\text{span}\{e_1, e_2\} = \text{span}\{x_1, x_2\}$;

令 $f_3 = x_3 - \langle x_3, e_1 \rangle e_1 - \langle x_3, e_2 \rangle e_2$, 则 $f_3 \neq 0$, $f_3 \perp \{e_1, e_2\}$. 令 $e_3 = \dfrac{f_3}{\|f_3\|}$, 则 $\|e_3\| = 1$, $e_3 \perp \{e_1, e_2\}$, 且 $\text{span}\{e_1, e_2, e_3\} = \text{span}\{x_1, x_2, x_3\}$;

……

令 $f_n = x_n - \sum_{k=1}^{n-1} \langle x_n, e_k \rangle e_k$, 则 $f_n \neq 0$, $f_n \perp \{e_1, e_2, \cdots, e_{n-1}\}$. 令 $e_n = \dfrac{f_n}{\|f_n\|}$, 则 $\|e_n\| = 1$, $e_n \perp \{e_1, e_2, \cdots, e_{n-1}\}$, 且 $\text{span}\{e_1, e_2, \cdots, e_n\} = \text{span}\{x_1, x_2, \cdots, x_n\}$. **证毕.**

（定理 4.3.1 的）证明： （1）设 X 是可分 Hilbert 空间. 即存在可数子集 $\{x_n\} \subset X$, 使得 $\overline{\text{span}\{x_n\}} = X$.

经过筛选, 总可以在 $\{x_n\}$ 中找到线性无关子集 $\{x_{n_k}\}$ 使得 $\overline{\text{span}\{x_{n_k}\}} = \overline{\text{span}\{x_n\}}$, 因此不妨设 $\{x_n\}$ 是线性无关子集. 由引理 4.3.2 知, 存在规范正交系 $\{e_n\}$, 使得

$$\text{span}\{e_n\} = \text{span}\{x_n\},$$

从而 $\overline{\text{span}\{e_n\}} = \overline{\text{span}\{x_n\}} = X$. 因此 $\{e_n\}$ 是 X 中的完全规范正交系.

（2）一般情形.

令 $\varepsilon = \{E \subset X \mid E$ 是 X 中的规范正交系$\}$，则 $E \neq \varnothing$. 在 E 中定义偏序关系：若 $E_1 \subset E_2$，记 $E_1 < E_2$. 若 $\{E_\lambda\}$ 是 E 中的全序子集，显然 $\cup_\lambda E_\lambda \in E$，是 $\{E_\lambda\}$ 的极大元. 由 Zorn 引理，E 中存在极大元 E_0. 若 $\overline{\text{span } E_0} \neq X$，则由投影定理，$(\overline{\text{span } E_0})^\perp \neq \{0\}$. 因此，存在 $e \in (\overline{\text{span } E_0})^\perp$，$e \neq 0$. 不妨设 $\|e\| = 1$，则 $E_0 \cup \{e\} \in E =$，$E_0 < E_0 \cup \{e\}$ 且 $E_0 \neq E_0 \cup \{e\}$，这与 E_0 是 E 的极大元矛盾. 因此，一定有 $\overline{\text{span} E_0} = X$，从而 E_0 就是 X 的完全规范正交系. 证毕.

二、Hilbert 空间中向量关于完全规范正交系的表示

定理 4.3.3　设 E 是 Hilbert 空间 X 中的规范正交系，则下列条件等价.

（1）E 是完全的；

（2）$E^\perp = \{0\}$；

（3）对任意 $x \in X$，$x = \sum_{e \in E} \langle x, e \rangle e$；

（4）对任意 $x \in X$，成立 Parseval 等式. 即有 $\|x\|^2 = \sum_{e \in E} |\langle x, e \rangle|^2$.

注 4.3.2　定理 4.3.3（3）中的级数称为向量 x 关于完全规范正交系 E 的 Fourier 展开式. 其中，$\{\langle x, e \rangle \mid e \in E\}$ 称为向量 x 关于 E 的 Fourier 系数集，称 $\langle x, e \rangle$ 为 x 关于 e 的 Fourier 系数.

在定理 4.3.3 中出现了数项"形式级数" $\sum_{e \in E} |\langle x, e \rangle|^2$ 以及向量项"形式级数" $\sum_{e \in E} \langle x, e \rangle e$，那么这种表达形式是什么含义呢？为了解决这一问题并证明定理 4.3.4. 我们先从在可数规范正交系下的级数表示出发.

命题 4.3.4　设 $\{e_n\}$ 是 Hilbert 空间 X 中的可数规范正交系，$\{a_n\}$ 是一列数，$x \in X$.

（1）（向量项）级数 $\sum_{n=1}^\infty a_n e_n$ 收敛当且仅当（数项）级数 $\sum_{n=1}^\infty |a_n|^2$ 收敛；

（2）若 $x = \sum_{n=1}^\infty a_n e_n$，则 $a_n = \langle x, e_n \rangle$，$n = 1, 2, \cdots$，故 $x = \sum_{n=1}^\infty \langle x, e_n \rangle e_n$；

(3) 对任意 n, $\sum_{k=1}^{n} |\langle x, e_k \rangle|^2 \leqslant \| x \|^2$;

(4)（Bessel 不等式）$\sum_{n=1}^{\infty} |\langle x, e_n \rangle|^2 \leqslant \| x \|^2$;

(5) 级数 $\sum_{n=1}^{\infty} |\langle x, e_n \rangle|^2$ 是收敛的;

(6) 级数 $\sum_{n=1}^{\infty} \langle x, e_n \rangle e_n$ 是收敛的;

(7) $\lim_{n \to \infty} \langle x, e_n \rangle = 0$.

证明:（1）记 $S_n = \sum_{k=1}^{n} a_k e_k$, $T_n = \sum_{k=1}^{n} |a_k|^2$. 则级数 $\sum_{n=1}^{\infty} a_n e_n$ 收敛当且仅当 $\lim_{n \to \infty} S_n$ 存在. 因为 X 是 Hilbert 空间, 所以 $\lim_{n \to \infty} S_n$ 存在当且仅当 $\{S_n\}$ 是 X 中的 Cauchy 列, 即对任意 $\varepsilon > 0$, 存在正整数 N, 当 $m > n > N$ 时, $\| S_n - S_m \| < \varepsilon$.

因为

$$\| S_n - S_m \|^2 = \left\| \sum_{k=n+1}^{m} a_k e_k \right\|^2 = \sum_{k=n+1}^{m} |a_k|^2 = T_m - T_n = |T_m - T_n|,$$

所以 $\{S_n\}$ 是 X 中的 Cauchy 列当且仅当 $\{T_n\}$ 是 Cauchy 数列. 因为 $\{T_n\}$ 是 Cauchy 数列当且仅当 $\lim_{n \to \infty} T_n$ 存在, 当且仅当级数 $\sum_{n=1}^{\infty} |a_n|^2$ 收敛. 因此, 级数 $\sum_{n=1}^{\infty} a_n e_n$ 收敛当且仅当级数 $\sum_{n=1}^{\infty} |a_n|^2$ 收敛.

（2）若 $x = \sum_{n=1}^{\infty} a_n e_n$, 则对任意 n,

$$\langle x, e_n \rangle = \left\langle \sum_{k=1}^{\infty} a_k e_k, e_n \right\rangle = \left\langle \lim_{m \to \infty} \sum_{k=1}^{m} a_k e_k, e_n \right\rangle$$

$$= \lim_{m \to \infty} \left\langle \sum_{k=1}^{m} a_k e_k, e_n \right\rangle = \lim_{m \to \infty} \sum_{k=1}^{m} a_k \langle e_k, e_n \rangle$$

$$= \sum_{k=1}^{\infty} a_k \langle e_k, e_n \rangle = a_n.$$

（3）因为 $\| x \|^2 - \sum_{k=1}^{n} |\langle x, e_k \rangle|^2 = \left\| x - \sum_{k=1}^{n} \langle x, e_k \rangle e_k \right\|^2 \geqslant 0$, 所以

$$\sum_{k=1}^{n} |\langle x, e_k \rangle|^2 \leqslant \| x \|^2.$$

在（3）中令 $n \to \infty$, 即得（4）.（5）由（4）直接得.（6）由（5）

和（1）得.（7）由（5）得. **证毕.**

注 4.3.3　命题 4.3.4（2）表明，如果 x 能被可数规范正交系 $\{e_n\}$ 表示，则 e_n 前的系数一定是 $\langle x,\ e_n \rangle$，且 x 具有形式 $\sum\limits_{n=1}^{\infty} \langle x, e_n \rangle e_n$.

推论 4.3.5　设 X 是 Hilbert 空间，E 是 X 中的规范正交系. 则对任意 $x \in X$，$\{e \in E \mid \langle x,\ e \rangle \neq 0\}$ 是至多可数集.

证明：

$$\{e \in E \mid \langle x,\ e \rangle \neq 0\} = \{e \in E \mid |\langle x,\ e \rangle| > 0\}$$
$$= \bigcup_{n=1}^{\infty} \left\{e \in E \mid |\langle x,\ e \rangle| > \frac{1}{n}\right\}.$$

令 $A_n = \left\{e \in E \mid |\langle x,\ e \rangle| > \dfrac{1}{n}\right\}$. 假设 A_n 是无限集，则存在可数子集 $\{e_{n_k}\}_{k=1}^{\infty} \subset A_n$，由 Bessel 不等式，有

$$\sum_{k=1}^{\infty} |\langle x, e_{n_k} \rangle|^2 \leqslant \| x \|^2.$$

但另一方面，对任意 k，$|\langle x,\ e_{n_k} \rangle| > \dfrac{1}{n}$，因此有

$$\sum_{k=1}^{\infty} |\langle x, e_{n_k} \rangle|^2 \geqslant \sum_{k=1}^{\infty} \frac{1}{n^2} = \infty,$$

矛盾. 因此，A_n 是有限集，从而 $\{e \in E \mid \langle x,\ e \rangle \neq 0\}$ 是至多可数集. **证毕.**

注 4.3.4　设 X 是 Hilbert 空间，E 是 X 中的规范正交系. 对任意 $x \in X$，令 $\{e \in E \mid \langle x,\ e \rangle \neq 0\} = \{e_n\}$（这里 $\{e_n\}$ 和 x 有关），则命题 4.3.4（5），（6）表明，

$$\sum_{e \in E} |\langle x,e \rangle|^2 = \sum_{e \in E,\ \langle x,e \rangle \neq 0} |\langle x,e \rangle|^2 = \sum_{n=1}^{\infty} |\langle x,e_n \rangle|^2$$

和

$$\sum_{e \in E} \langle x,e \rangle e = \sum_{e \in E,\ \langle x,e \rangle \neq 0} \langle x,e \rangle e = \sum_{n=1}^{\infty} \langle x,e_n \rangle e_n$$

都是收敛的.

（定理 4.3.3 的）证明：（1）$\Leftrightarrow$（2）. E 是完全的当且仅当 $\overline{\mathrm{span}\ E} = X$；由推论 4.2.6 得，$\overline{\mathrm{span}\ E} = X$ 当且仅当 $(\overline{\mathrm{span}\ E})^\perp = X^\perp = \{0\}$.

由命题 4.2.2（4）得，$E^\perp = (\mathrm{span}\ E)^\perp = (\overline{\mathrm{span}\ E})^\perp$，所以 $\overline{\mathrm{span}\ E} = X$ 当且仅当 $E^\perp = \{0\}$.

对任意 $x \in X$, 以下总设 $\{e \in E \mid \langle x, e \rangle \neq 0\} = \{e_n\}$, 从而

$$\sum_{e \in E} \langle x, e \rangle e = \sum_{e \in E, \langle x, e \rangle \neq 0} \langle x, e \rangle e = \sum_{n=1}^{\infty} \langle x, e_n \rangle e_n.$$

(2) $\Rightarrow$ (3). 设 $E^{\perp} = \{0\}$.

任取 $e \in E$. 若 $\langle x, e \rangle = 0$, 则 $e \notin \{e_n\}$. 因此, 对任意 n, $\langle e_n, e \rangle = 0$. 所以

$$\left\langle x - \sum_{e \in E} \langle x, e \rangle e, e \right\rangle = \langle x, e \rangle - \sum_{n=1}^{\infty} \langle x, e_n \rangle \langle e_n, e \rangle = 0 - 0 = 0;$$

若 $\langle x, e \rangle \neq 0$, 则存在 m, 使得 $e = e_m$, 从而

$$\left\langle x - \sum_{e \in E} \langle x, e \rangle e, e \right\rangle = \langle x, e_m \rangle - \sum_{n=1}^{\infty} \langle x, e_n \rangle \langle e_n, e_m \rangle$$
$$= \langle x, e_m \rangle - \langle x, e_m \rangle = 0.$$

这表明, $x - \sum_{e \in M} \langle x, e \rangle e \in E^{\perp} = \{0\}$. 因此 $x = \sum_{e \in E} \langle x, e \rangle e$.

(3) $\Rightarrow$ (4). 设对任意 $x \in X$, $x = \sum_{e \in E} \langle x, e \rangle e$, 则

$$\| x \|^2 = \left\| \sum_{e \in E} \langle x, e \rangle e \right\|^2 = \left\| \sum_{n=1}^{\infty} \langle x, e_n \rangle e_n \right\|^2 = \sum_{n=1}^{\infty} |\langle x, e_n \rangle|^2$$
$$= \sum_{e \in E, \langle x, e \rangle \neq 0} |\langle x, e \rangle|^2 = \sum_{e \in E} |\langle x, e \rangle|^2.$$

(4) $\Rightarrow$ (2). 设对任意 $x \in X$ 有 $\| x \|^2 = \sum_{e \in E} |\langle x, e \rangle|^2$.

若 $x \in E^{\perp}$, 则对任意 $e \in E$, 有 $\langle x, e \rangle = 0$, 因此

$$\| x \|^2 = \sum_{e \in E} |\langle x, e \rangle|^2 = 0.$$

所以 $x = 0$. 从而 $E^{\perp} = \{0\}$. **证毕.**

三、完全规范正交系的例子

例 4.3.1 l^2 中的完全规范正交系.

对任意 $n \geq 1$, 令 $e_n = (0, \cdots, 0, \underset{n}{1}, 0, 0, \cdots)$, 易验证 $\{e_n\}$ 是 l^2 中的规范正交系. 由第三章引理 3.4.8 和本节定理 4.3.3 得, $\{e_n\}$ 是 l^2 中的完全规范正交系.

例 4.3.2 $L^2[0, 2\pi]$ 中的完全规范正交系.

若 $L^2[0, 2\pi]$ 是由实值平方可积函数构成的线性空间. 对任意 $f, g \in L^2[0, 2\pi]$, 定义

$$\langle f,g \rangle = \frac{1}{\pi} \int_0^{2\pi} f(t)\,g(t)\,\mathrm{d}t,$$

则 $L^2[0,\,2\pi]$ 在此内积定义下成为实 Hilbert 空间. $\left\{\dfrac{1}{\sqrt{2}},\ \cos t,\ \sin t,\ \cdots\right.$

$\left.\cos nt,\ \sin nt,\ \cdots\right\}$ 是其一组完全规范正交系（见参考文献 [8] 等）. 这正是我们在数学分析中所学习的正交三角函数系. 若令

$$e_0(t) = \frac{1}{\sqrt{2}},\ e_{2n-1}(t) = \cos nt\ e_{2n}(t) = \sin nt,\ n = 1,\ 2,\ \cdots,$$

则由定理 4.3.3 得，对任意 $f \in L^2[0,\,2\pi]$,

$$f = a_0 e_0 + \sum_{n=1}^{\infty} (a_n e_{2n-1} + b_n e_{2n}), \qquad\qquad (4-3)$$

其中，

$$a_0 = \langle f,e_0 \rangle = \frac{1}{\pi} \int_0^{2\pi} f(t)\,\frac{1}{\sqrt{2}}\mathrm{d}t,$$

$$a_n = \langle f,e_{2n-1} \rangle = \frac{1}{\pi} \int_0^{2\pi} f(t)\cos nt\,\mathrm{d}t,$$

$$b_n = \langle f,e_{2n} \rangle = \frac{1}{\pi} \int_0^{2\pi} f(t)\sin nt\,\mathrm{d}t, n = 1,2,\cdots.$$

此外，也可以将式（4-3）写成

$$f(t) = \frac{a_0}{\sqrt{2}} + \sum_{n=1}^{\infty} (a_n \cos nt + b_n \sin nt), t \in [0,2\pi].$$

但注意上式表示的是按 $L^2[0,\,2\pi]$ 中的范数收敛，而不是数学分析中的点点收敛.

若 $L^2[0,\,2\pi]$ 是由复值平方可积函数构成的线性空间. 对任意 $f,\ g \in L^2[0,\,2\pi]$，定义

$$\langle f,g \rangle = \frac{1}{2\pi} \int_0^{2\pi} f(t)\,\overline{g(t)}\,\mathrm{d}t,$$

则 $L^2[0,\,2\pi]$ 在此内积定义下成为复 Hilbert 空间. $\{1,\ e^{it},\ e^{-it},\ \cdots,$ $e^{int},\ e^{-int},\ \cdots\}$ 是其一组完全规范正交系（见参考文献 [5]，[7] 等）. 在这种情形下，

$$f(t) = \sum_{n=-\infty}^{+\infty} a_n e^{int}, t \in [0,2\pi],$$

其中, $a_n = \dfrac{1}{2\pi}\displaystyle\int_0^{2\pi} f(t)e^{-int}\mathrm{d}t$, $n = \cdots,\ -2,\ -1,\ 0,\ 1,\ 2,\ \cdots$.

习　题

1. 设 X 是 Hilbert 空间, e_1, e_2, $\cdots$, e_n 是 X 的规范正交系, $Y = \operatorname{span}\{e_1, e_2, \cdots, e_n\}$. 证明: 若 P 是从 X 到 Y 上的投影算子, 则对任意 $x \in X$, $Px = \displaystyle\sum_{k=1}^n \langle x, e_k\rangle e_k$.

2. 证明: 可分 Hilbert 空间中的任一规范正交系都是至多可数的.

3. 设 E 是 Hilbert 空间 X 中的规范正交系. 证明: E 是完全的当且仅当对任意 x, $y \in X$,

$$\langle x, y\rangle = \sum_{e \in E} \langle x, e\rangle \overline{\langle y, e\rangle}.$$

第四节　Hilbert 空间的共轭空间与 Hilbert 空间上的共轭算子

从本节开始, 我们学习 Hilbert 空间上的连续线性泛函与有界线性算子. 自然地, 由于 Hilbert 空间中的范数由其内积诱导定义, 其上的连续线性泛函与有界线性算子也应具有一些特殊的性质. 由第二章例 2.4.3 可知, 对于 $\mathbf{R}^n$ 上的任一线性泛函 φ, 存在唯一的向量 $a = (a_1, a_2, \cdots, a_n) \in \mathbf{R}^n$, 使得对任意 $x = (x_1, x_2, \cdots, x_n) \in \mathbf{R}^n$,

$$\varphi(x) = x_1 a_1 + x_2 a_2 + \cdots + x_n a_n.$$

显然, $\varphi(x) = \langle x, a\rangle$. 本节我们首先表明, $\mathbf{R}^n$ 上线性泛函的这一表示可以推广至 Hilbert 空间上, 这就是 Riesz 表示定理. 由 Riesz 表示定理, 给出 Hilbert 空间上有界算子的共轭算子, 这正是矩阵的共轭矩阵的抽象推广.

从本节开始, Hilbert 空间指的都是复 Hilbert 空间. 相比较实 Hilbert 空间, 复 Hilbert 空间上的理论更完整.

一、Hilbert 空间上的连续线性泛函

定理 4.4.1（Riesz 表示定理）　设 X 是 Hilbert 空间, φ 是 X 上连续线性泛函. 那么存在唯一的 $z \in X$, 使得对任意 $x \in X$, 有

$$\varphi(x) = \langle x, z \rangle,$$

且 $\| \varphi \| = \| z \|$.

证明： 存在性. 若 $\varphi = 0$，则取 $z = 0$ 即可. 下设 $\varphi \neq 0$.

因为 $\varphi \neq 0$，$\ker \varphi \neq X$，因此 $\ker \varphi$ 是 X 的真闭子空间. 由投影定理，$(\ker \varphi)^{\perp} \neq \{0\}$. 取 $y \in (\ker \varphi)^{\perp}$ 且 $y \neq 0$，则 $\varphi(y) \neq 0$.

对任意 $x \in X$，因为 $\varphi\left[x - \dfrac{\varphi(x)}{\varphi(y)} y \right] = 0$，即 $x - \dfrac{\varphi(x)}{\varphi(y)} y \in \ker \varphi$. 所以

$$\left\langle x - \frac{\varphi(x)}{\varphi(y)} y, \ y \right\rangle = 0,$$

即有

$$\langle x, \ y \rangle - \frac{\varphi(x)}{\varphi(y)} \langle y, \ y \rangle = 0,$$

令 $z = \dfrac{\overline{\varphi(y)}}{\| y \|^2}$，则有 $\varphi(x) = \langle x, z \rangle$.

因为对任意 $x \in X$，$|\varphi(x)| = |\langle x, z \rangle| \leqslant \| x \| \| z \|$，所以 $\| \varphi \| \leqslant \| z \|$. 另一方面，

$$\| z \|^2 = \langle z, z \rangle = \varphi(z) = |\varphi(z)| \leqslant \| \varphi \| \| z \|,$$

所以 $\| z \| \leqslant \| \varphi \|$. 因此 $\| \varphi \| = \| z \|$.

唯一性. 若存在 $z_1 \in X$，使得对任意 $x \in X$，有 $\varphi(x) = \langle x, z_1 \rangle$，则

$$\langle x, z_1 \rangle = \langle x, z \rangle.$$

因此，对任意 $x \in X$，$\langle x, z_1 - z \rangle = 0$. 所以 $z_1 = z$. **证毕.**

二、Hilbert 空间的共轭空间

定义 4.4.1（共轭映射） 设 X 和 Y 是复线性空间，T 是从 X 到 Y 中的映射. 若对任意 x，$y \in X$ 及 a，$b \in C$，$T(ax + by) = \bar{a} Tx + \bar{b} Ty$，则称 T 是从 X 到 Y 中的共轭线性算子.

定理 4.4.2 设 X 是 Hilbert 空间，则 X' 与 X 共轭线性保范同构.

证明： 定义

$$T: X \to X',$$

$$z \mapsto \varphi_z,$$

其中 $\varphi_z(x) = \langle x, z \rangle$，$x \in X$.

由内积的性质与 Cauchy-Schwarz 不等式，可知 φ_z 是有界线性的且

$$\| \varphi_z \| \leqslant \| z \|.$$

由定理 4.4.1 知，T 是一一到上保范的，且对任意 $z_1, z_2, x \in X$ 及 $a, b \in \mathbf{C}$，

$$\varphi_{az_1 + bz_2}(x) = \langle x, az_1 + bz_2 \rangle = \bar{a}\langle x, z_1 \rangle + \bar{b}\langle x, z_2 \rangle$$
$$= \bar{a}\varphi_{z_1}(x) + \bar{b}\varphi_{z_2}(x)$$
$$= (\bar{a}\varphi_{z_1} + \bar{b}\varphi_{z_2})(x),$$

即 $\varphi_{az_1 + bz_2} = \bar{a}\varphi_{z_1} + \bar{b}\varphi_{z_2}$. 因此

$$T(az_1 + bz_2) = \bar{a}T(z_1) + \bar{b}T(z_2).$$

证毕.

三、Hilbert 空间上有界线性算子的共轭算子

设 $A = (a_{jk})$ 是复 $m \times n$ 矩阵，则 A 可以定义从 $\mathbf{C}^n$ 到 $\mathbf{C}^m$ 中的线性算子. 令

$A^* = (\overline{a_{jk}})^t$，称 A^* 为 A 的共轭矩阵. 对任意 $x = \begin{pmatrix} x_1 \\ x_2 \\ \vdots \\ x_n \end{pmatrix} \in \mathbf{C}^n$，$y = \begin{pmatrix} y_1 \\ y_2 \\ \vdots \\ y_m \end{pmatrix} \in \mathbf{C}^m$，

A 与 A^* 满足下面的关系式，

$$\langle Ax, y \rangle = \left\langle \begin{pmatrix} \sum_{k=1}^{n} a_{1k}x_k \\ \sum_{k=1}^{n} a_{2k}x_k \\ \vdots \\ \sum_{k=1}^{n} a_{mk}x_k \end{pmatrix}, \begin{pmatrix} y_1 \\ y_2 \\ \vdots \\ y_m \end{pmatrix} \right\rangle = \sum_{j=1}^{m} \sum_{k=1}^{n} a_{jk}x_k \overline{y_j}$$

$$= \sum_{k=1}^{n} x_k \overline{\sum_{j=1}^{m} \overline{a_{jk}}y_j} = \left\langle \begin{pmatrix} x_1 \\ x_2 \\ \vdots \\ x_n \end{pmatrix}, \begin{pmatrix} \sum_{j=1}^{m} \overline{a_{j1}}y_j \\ \sum_{j=1}^{m} \overline{a_{j2}}y_j \\ \vdots \\ \sum_{j=1}^{m} \overline{a_{jn}}y_j \end{pmatrix} \right\rangle = \langle x, A^*y \rangle.$$

这一关系式也可以推广到 Hilbert 空间上.

定理 4.4.3　设 X 和 Y 是两个 Hilbert 空间, $T \in B\,(X,\ Y)$. 那么存在唯一的 $S \in B\,(Y,\ X)$, 使得对任意 $x \in X$ 及 $y \in Y$, 有

$$\langle Tx,\ y \rangle = \langle x,\ Sy \rangle,$$

且 $\| S \| = \| T \|$. 称 S 为 T 的共轭, 记为 T^*.

证明：存在性. 对任意 $y \in Y$, 定义 X 上的泛函 φ_y：

$$\varphi_y:\ X \to C,$$

$$x \mapsto \langle Tx,\ y \rangle.$$

容易验证, φ_y 是 X 上的线性泛函, 且对任意 $x \in X$,

$$|\varphi_y(x)| = |\langle Tx,\ y \rangle| \leqslant \| Tx \| \| y \| \leqslant \| T \| \| x \| \| y \|.$$

这表明, φ_y 是 X 上的有界线性泛函且 $\| \varphi_y \| \leqslant \| T \| \| y \|$. 由 Riesz 表示定理知, 存在唯一的 $z_y \in X$, 使得

$$\varphi_y(x) = \langle x,\ z_y \rangle,\ x \in X,$$

且 $\| \varphi_y \| = \| z_y \|$.

由此定义, Y 到 X 中的算子 S 为：

$$S:\ Y \to X,$$

$$y \mapsto z_y.$$

对任意 $x \in X$, $y \in Y$, 有

$$\langle Tx,\ y \rangle = \varphi_y(x) = \langle x,\ z_y \rangle = \langle x,\ Sy \rangle.$$

下证 S 满足定理中的结论.

易证 S 是 Y 上的线性算子. 对任意 $y \in Y$,

$$\| Sy \| = \| z_y \| = \| \varphi_y \| \leqslant \| T \| \| y \|,$$

故 S 有界且 $\| S \| \leqslant \| T \|$. 另一方面, 对任意 $x \in X$,

$$\| Tx \|^2 = \langle Tx,\ Tx \rangle = |\langle Tx,\ Tx \rangle| = |\langle x,\ S(Tx) \rangle|$$

$$\leqslant \| x \| \| S(Tx) \| \leqslant \| x \| \| S \| \| Tx \|.$$

因此 $\| Tx \| \leqslant \| S \| \| x \|$. 故又有 $\| T \| \leqslant \| S \|$. 因此 $\| S \| = \| T \|$.

唯一性. 若存在 $S_1 \in B\,(Y,\ X)$, 使得对任意 $x \in X$, $y \in Y$,

$$\langle Tx,\ y \rangle = \langle x,\ S_1 y \rangle.$$

因此对任意 $x \in X$, $y \in Y$, 有

$$\langle x,\ S_1 y \rangle = \langle x,\ Sy \rangle.$$

由 x 和 y 的任意性得, $S_1 = S$. **证毕.**

注 4.4.1 设 X 和 Y 是 Hilbert 空间，$T \in B(X, Y)$，则 $T^* \in B(Y, X)$，
$$\langle Tx, y \rangle = \langle x, T^*y \rangle, \quad x \in X, y \in Y,$$
且 $\| T^* \| = \| T \|$.

例 4.4.1 设 T 为 l^2 到其自身按如下定义的算子. 对任意 $x = (\xi_1, \xi_2, \cdots, \xi_k, \cdots) \in l^2$，
$$Tx = (0, \xi_1, \xi_2, \cdots, \xi_k, \cdots).$$
因为，对任意 $x = (\xi_1, \xi_2, \cdots, \xi_k, \cdots)$，$y = (\eta_1, \eta_2, \cdots, \eta_k, \cdots) \in l^2$，
$$\langle Tx, y \rangle = \langle (0, \xi_1, \xi_2, \cdots, \xi_k, \cdots), (\eta_1, \eta_2, \cdots, \eta_k, \cdots) \rangle$$
$$= \sum_{k=1}^{\infty} \xi_k \overline{\eta_{k+1}}$$
$$= \langle (\xi_1, \xi_2, \cdots, \xi_k \cdots), (\eta_2, \eta_3, \cdots, \eta_{k+1}, \cdots) \rangle,$$
所以 $T^*y = (\eta_2, \eta_3, \cdots, \eta_{k+1}, \cdots)$.

命题 4.4.4（共轭算子的性质） 设 X, Y 是 Hilbert 空间，T, T_1, $T_2 \in B(X, Y)$，则

(1) $(T_1 + T_2)^* = T_1^* + T_2^*$；

(2) 对任意 $a \in C$，$(aT)^* = \bar{a}T^*$；

(3) $(T^*)^* = T$；

(4) $\| T^*T \| = \| T \|^2 = \| TT^* \|$；

(5) $\ker T^* = (\operatorname{ran}T)^{\perp}$，$\overline{\operatorname{ran}T} = (\ker T^*)^{\perp}$.

证明：（4）对任意 $x \in X$，
$$\| T^*Tx \| \leq \| T^* \| \| Tx \| \leq \| T^* \| \| T \| \| x \| = \| T \|^2 \| x \|.$$
因此 $\| T^*T \| \leq \| T \|^2$. 另一方面，对任意 $x \in X$，
$$\| Tx \|^2 = \langle Tx, Tx \rangle = |\langle x, T^*Tx \rangle|$$
$$\leq \| x \| \| T^*Tx \| \leq \| x \| \| T^*T \| \| x \|$$
$$= \| T^*T \| \| x \|^2,$$
因此 $\| T \|^2 \leq \| T^*T \|$. 故 $\| T^*T \| = \| T \|^2$.

由（3）知，$(T^*)^* = T$，所以
$$\| TT^* \| = \| (T^*)^* T^* \| = \| T^* \|^2 = \| T \|^2.$$

（5）对任意 $y \in \ker T^*$ 及 $x \in X$，
$$\langle y, Tx \rangle = \langle T^*y, x \rangle = \langle 0, x \rangle = 0.$$
因此 $\ker T^* \subset (\operatorname{ran}T)^{\perp}$. 另一方面，对任意 $y \in (\operatorname{ran}T)^{\perp}$ 及 $x \in X$，

$$\langle T^*y, \ x \rangle = \langle y, \ Tx \rangle = 0.$$

所以 $T^*y = 0$，即 $y \in \ker T^*$．因此 $(\operatorname{ran}T)^\perp \subset \ker T^*$．故 $\ker T^* = (\operatorname{ran}T)^\perp$．

由本章推论 4.2.6 及上证结论得，

$$\overline{\operatorname{ran}T} = (\overline{\operatorname{ran}T^\perp})^\perp = ((\operatorname{ran}T)^\perp)^\perp = (\ker T^*)^\perp.$$

证毕.

命题 4.4.5 设 X, Y, Z 是 Hilbert 空间，$T \in B(X, Y)$，$S \in B(Y, X)$.

（1）$(ST)^* = T^*S^*$；

（2）若 $\{T_n\} \subset B(X, Y)$，$\{S_n\} \subset B(Y, Z)$ 且 $\lim\limits_{n \to \infty} T_n = T$，$\lim\limits_{n \to \infty} S_n = S$，则 $\lim\limits_{n \to \infty} T_n^* = T^*$，$\lim\limits_{n \to \infty} T_n^* S_n^* = T^*S^*$.

习 题

1. 固定正整数 N．定义 $\varphi : l^2 \to \mathbf{C}$，$\varphi(\{\xi_n\}) = \xi_N$，$x = \{\xi_n\} \in l^2$．试找出 $z \in l^2$，使得对任意 $x \in l^2$，$\varphi(x) = \langle x, z \rangle$.

2. 设 φ_0 是 Hilbert 空间 X 的子空间 E 上的连续线性泛函．证明：存在 φ_0 在 X 上的唯一保范延拓 φ 使得 $\varphi|_{E^\perp} = 0$.

3. 设 T 是 Hilbert 空间 X 上的有界线性算子，且 $\|T\| \leqslant 1$．证明：

$$\{x \in X \mid Tx = x\} = \{x \in X \mid T^*x = x\}.$$

第五节 自伴算子，正常算子和酉算子

在矩阵理论中，由方阵与其共轭方阵之间的关系可以定义各种类型的方阵，如自伴方阵、正规方阵、酉方阵等．这些概念都可以推广到 Hilbert 空间上的有界线性算子上.

本节开始之前，先给出一个判断复内积空间上零算子的一个好用的充要条件.

引理 4.5.1 设 T 为复内积空间 X 上有界线性算子，那么 $T = 0$ 的充要条件为对任意 $x \in X$，成立 $\langle Tx, x \rangle = 0$.

证明： 因为对任意 x，$y \in X$，

$$\langle Tx, y \rangle = \sum_{k=0}^{3} \frac{\mathrm{i}^k}{4} \langle T(x + \mathrm{i}y), T(x + \mathrm{i}y) \rangle,$$

所以 $T=0$ 当且仅当对任意 x, $y \in X$, $\langle Tx, y \rangle = 0$；当且仅当对任意 $x \in X$, $\langle Tx, x \rangle = 0$. **证毕.**

注 4.5.1 引理 4.5.1 对于实内积空间不一定成立. 如令 $A = \begin{pmatrix} 0 & 1 \\ -1 & 0 \end{pmatrix}$, 则 $A \neq 0$, 但对任意 $x = \begin{pmatrix} x_1 \\ x_2 \end{pmatrix} \in R^2$, $\langle Ax, x \rangle = \left\langle \begin{pmatrix} x_2 \\ -x_1 \end{pmatrix}, \begin{pmatrix} x_1 \\ x_2 \end{pmatrix} \right\rangle = x_2 x_1 - x_1 x_2 = 0$.

一、自伴算子及其性质

定义 4.5.1（自伴算子） 设 T 是 Hilbert 空间 X 上的有界线性算子. 若
$$T = T^*,$$
则称 T 为 X 上的自伴算子.

下面我们讨论自伴算子的性质与判定.

定理 4.5.2 设 T 是 Hilbert 空间 X 上的有界线性算子, 则 T 为自伴算子当且仅当对任意 $x \in X$, $\langle Tx, x \rangle$ 是实数.

证明： T 是自伴算子当且仅当 $T = T^*$；当且仅当 $T - T^* = 0$；由引理 4.5.1 知, 当且仅当对任意 $x \in X$,
$$\langle (T - T^*)x, x \rangle = 0;$$
当且仅当对任意 $x \in X$,
$$\langle Tx, x \rangle = \langle T^*x, x \rangle = \langle x, Tx \rangle = \overline{\langle Tx, x \rangle};$$
当且仅当对任意 $x \in X$, $\langle Tx, x \rangle$ 是实数. **证毕.**

由定理 4.5.2 知, 可以引入一类特殊的自伴算子——正算子, 该类算子可看作（半）正定方阵的抽象推广.

定义 4.5.2（正算子） 设 T 是 Hilbert 空间 X 上的有界线性算子. 若对任意 $x \in X$,
$$\langle Tx, x \rangle \geqslant 0,$$
则称 T 是正算子.

命题 4.5.3 设 T 是 Hilbert 空间 X 上的有界线性算子. 则 T^*T 是正算子.

证明： 因为对任意 $x \in X$,
$$\langle T^*Tx, x \rangle = \langle Tx, Tx \rangle = \| Tx \|^2 \geqslant 0,$$
所以 T^*T 是正算子. **证毕.**

命题 4.5.4　投影算子是正算子.

证明：设 P 是从 Hilbert 空间 X 到其闭子空间 Y 上的投影算子. 由投影定理，对任意 $x \in X$，存在 $y \in Y$ 以及 $z \in Y^\perp$ 使得 $x = y + z$. 因此

$$\langle Px, x \rangle = \langle y, y + z \rangle = \| y \|^2 \geq 0.$$

证毕.

容易验证，两个自伴算子的和以及自伴算子的实数乘积还是自伴算子. 对应自伴算子的乘积，有下面的结论.

命题 4.5.5（自伴算子的乘积）　设 T_1 和 T_2 是 Hilbert 空间 X 上的两个自伴算子，则 $T_1 \cdot T_2$ 是自伴算子当且仅当 $T_1 \cdot T_2 = T_2 \cdot T_1$.

证明：$T_1 \cdot T_2$ 是自伴算子当且仅当 $T_1 \cdot T_2 = (T_1 \cdot T_2)^* = T_2^* T_1^*$. 因为 T_1 和 T_2 是自伴算子，所以 $T_1^* = T_1$，$T_2^* = T_2$. 因此 $T_1 \cdot T_2$ 是自伴算子当且仅当 $T_1 \cdot T_2 = T_2 \cdot T_1$. **证毕.**

下面的命题表明，任何 Hilbert 空间上的有界线性算子都能分解为两个自伴算子的代数和.

命题 4.5.6（算子的笛卡尔分解）　设 T 是 Hilbert 空间 X 上的有界算子. 令

$$A = \frac{T + T^*}{2}, \quad B = \frac{T - T^*}{2\mathrm{i}},$$

则 A 和 B 都是自伴算子，并且有 $T = A + \mathrm{i}B$.

命题 4.5.6 中的 A 和 B 分别称为算子 T 的实部和虚部，并称 $T = A + \mathrm{i}B$ 为算子 T 的笛卡尔分解. 算子的笛卡尔分解类似于复数的实部和虚部分解.

二、正常算子及其性质

定义 4.5.3（正常算子）　设 T 是 Hilbert 空间 X 上的有界线性算子. 若

$$TT^* = T^*T,$$

则称 T 为 X 上的正常算子.

定理 4.5.7　设 T 是 Hilbert 空间 X 上的有界算子，$A + \mathrm{i}B$ 为 T 的笛卡尔分解，则 T 是正常算子当且仅当 $AB = BA$.

证明：因为 $T = A + \mathrm{i}B$，所以

$$TT^* = (A + \mathrm{i}B)(A - \mathrm{i}B) = A^2 + B^2 + \mathrm{i}(BA - AB),$$
$$T^*T = (A - \mathrm{i}B)(A + \mathrm{i}B) = A^2 + B^2 + \mathrm{i}(AB - BA).$$

因此，T 是正常算子当且仅当

$$A^2 + B^2 + \mathrm{i}(BA - AB) = A^2 + B^2 + \mathrm{i}(AB - BA),$$

即当且仅当 $AB = BA$. **证毕.**

定理 4.5.8 设 T 是 Hilbert 空间 X 上的有界算子. 则 T 是正常算子当且仅当对任意 $x \in X$,

$$\| T^* x \| = \| Tx \|.$$

证明： T 是正常算子当且仅当 $TT^* = T^* T$；由引理 4.5.1 知，当且仅当对任意 $x \in X$,

$$\langle TT^* x, \ x \rangle = \langle T^* Tx, \ x \rangle;$$

此即为当且仅当对任意 $x \in X$, $\| T^* x \| = \| Tx \|$. **证毕.**

三、酉算子及其性质

定义 4.5.4（酉算子） 设 T 是 Hilbert 空间 X 上的有界线性算子. 若

$$TT^* = T^* T = I,$$

则称 T 为 X 上的酉算子.

定理 4.5.9（酉算子的判断与性质） 设 T 是 Hilbert 空间 X 上的有界线性算子.

（1） T 为 X 上的酉算子当且仅当 T 是 X 到 X 上的一对一映射，且 $T^* = T^{-1}$.

（2） T 为 X 上的酉算子当且仅当 T 是 X 到 X 上的保范算子.

（3） 当 $X \neq \{0\}$ 时， $\| T \| = 1$.

证明：（1） 设 T 为 X 上的酉算子，则 $TT^* = T^* T = I$.

设 $x, y \in X$. 若 $Tx = Ty$, 则

$$x = Ix = T^* Tx = T^* Ty = Iy = y,$$

因此，T 是一对一的. 对任意 $y \in X$, 令 $x = T^* y$, 则

$$Tx = TT^* y = Iy = y.$$

因此，T 是到上的. 故 T^{-1} 存在，且

$$T^{-1} = T^{-1} I = T^{-1} TT^* = IT^* = T^*.$$

若 T 是 X 到 X 上的一对一映射，且 $T^* = T^{-1}$, 则

$$TT^* = TT^{-1} = I, \ T^* T = T^{-1} T = I.$$

故 T 是酉算子.

（2）设 T 为 X 上的酉算子，则 $TT^* = T^*T = I$. 因此对任意 $x \in X$,
$$\|x\|^2 = \langle x, x \rangle = \langle T^*Tx, x \rangle = \langle Tx, Tx \rangle = \|Tx\|^2.$$
故 T 是保范算子. 由（1）知，T 是到上的.

设 T 是 X 到 X 上的保范算子. 由 T 是保范的知，T 是一一的，且对任意 $x \in X$,
$$\langle x, x \rangle = \|x\|^2 = \|Tx\|^2 = \langle Tx, Tx \rangle = \langle T^*Tx, x \rangle,$$
由引理 4.5.1 知，$T^*T = I$. 因此
$$T^{-1} = IT^{-1} = T^*TT^{-1} = T^*I = T^*.$$
由（1）知，T 是酉算子. **证毕**.

定理 4.5.9（2）表明，Hilbert 空间上的酉算子和保范算子相差一个"到上"的条件. 下面给出一个保范非酉算子的例子.

例 4.5.1（保范非酉算子）　设 $X = l^2$，T 为 l^2 中如下定义的算子，
$$T(\xi_1, \xi_2, \cdots, \xi_k, \cdots) = (0, \xi_1, \xi_2, \cdots, \xi_k, \cdots),$$
$$(\xi_1, \xi_2, \cdots, \xi_k, \cdots) \in l^2.$$
显然，T 是 l^2 到 l^2 中的线性算子，并且
$$\|T(\xi_1,\xi_2,\cdots,\xi_k,\cdots)\|^2 = \|(0,\xi_1,\xi_2,\cdots,\xi_k,\cdots)\|^2$$
$$= \sum_{k=1}^{\infty} |\xi_k|^2 = \|(\xi_1,\xi_2,\cdots,\xi_k,\cdots)\|^2.$$
所以 T 是保范算子. 但 T 的像为 l^2 中第一个坐标为 0 的向量全体。故 T 不是映射到上的，因此不是酉算子. 称 T 为 l^2 上单向移位算子.

四、自伴算子，正常算子，酉算子的关系

当 T 是 Hilbert 空间 X 上的自伴算子或酉算子时，由其定义易验证得，T 是正常算子. 但正常算子不一定是酉算子或自伴算子. 如，令 $T = 2iI$，则 $T^* = -2iI$，因此 $TT^* = T^*T = 4I$，即 T 是正常算子，但显然 T 不是自伴算子，也不是酉算子.

例 4.5.2　设 φ 是 $[a, b]$ 上连续函数. 定义 $L^2[a, b]$ 上的乘法算子如下：
$$T: L^2[a, b] \to L^2[a, b],$$
$$f \mapsto \varphi f.$$
若 φ 是实值函数，则 T 是 $L^2[a, b]$ 上的自伴算子；若 φ 是复值函数，

则 T 是 $L^2[a, b]$ 上的正常算子；若 $|\varphi| = 1$，则 T 是 $L^2[a, b]$ 上的酉算子.

关于酉算子与自伴算子，有下面深刻的结论.

定理 4.5.10 设 T 是 Hilbert 空间 X 上的自伴算子，则 $T \pm iI$ 是可逆的，且

$$U = (T - iI)(T + iI)^{-1}$$

是酉算子.

定理 4.5.11 设 U 是 Hilbert 空间 X 上的酉算子. 若 $I - U$ 是可逆的，则

$$T = i(I + U)(I - U)^{-1}$$

是自伴算子.

定理 4.5.10 和定理 4.5.11 的证明参见参考文献 [5]，[7] 等.

命题 4.5.12 设 T 为 Hilbert 空间 X 上自伴算子. 记 $e^{iT} = \sum_{n=1}^{\infty} \frac{(iT)^n}{n!}$，则 e^{iT} 是酉算子.

习　题

1. 设 T 是 Hilbert 空间 X 上的有界线性算子且 $T = A + iB$，其中 A 和 B 都是 X 上的自伴算子. 证明：A 和 B 分别为算子 T 笛卡尔分解的实部和虚部.

2. 设 T 是 Hilbert 空间 X 上的正常算子，$T = A + iB$ 为算子 T 的笛卡尔分解. 证明：(1) $\|T\|^2 = \|A^2 + B^2\|$；(2) $\|T\|^2 = \|T^2\|$.

3. 设 T 是 Hilbert 空间 X 上的正常算子. 证明：$\ker T = \{0\}$ 当且仅当 $\overline{\operatorname{ran} T} = X$.

4. 设 T 是 Hilbert 空间 X 上的正常算子，$\lambda \in C$. 证明：若存在 $x \in X$ 且 $x \neq 0$，$Tx = \lambda x$，则 $T^* x = \bar{\lambda} x$.

5. 设 T 是 Hilbert 空间 X 上的正常算子，$\lambda, \mu \in C$ 且 $\lambda \neq \mu$. 证明：若存在 $x, y \in X$ 且 $x, y \neq 0$，使得 $Tx = \lambda x$，$Ty = \lambda y$，则 $\langle x, y \rangle = 0$.

阅读材料：Hilbert——Hilbert 空间的奠基者

David Hilbert

1862 年 1 月 23 日 David Hilbert 出生于东普鲁士哥尼斯堡（Konigsberg，Kingdom of Prussia）. 他的父亲是一名法官，而他的母亲对哲学、天文学和数学感兴趣.[1]

小时候的 Hilbert 家教甚严，他 8 岁才入学读书（据推测，在此之前他的教育来自他的母亲），10 岁转入费里德里克学院（Friedrichskolleg）的中学. 也许因为学校对数学并不重视，此时的 Hilbert 并没有在数学上表现出闪光的一面. 1879 年，在中学的最后一年，Hilbert 转入威廉中学（Wilhelm Gymnasium），在那里他的各科成绩都有提高，其数学才能也得到了老师的肯定和赞赏.[1]

1880 年秋天，Hilbert 进入哥尼斯堡大学学习数学，并于 1882 年结识了 Hermann Minkowski（1864—1909），二人成为一生的挚友. 在 Ferdinand von Lindemann（1852—1939）的指导下，Hilbert 完成了他的学术论文，于 1885 年获得博士学位. 从 1886 年到 1895 年，Hilbert 在哥尼斯堡大学任教，期间他到各地去访学，结识了 Felix Klein（1849—1925），拜访了 Henri Poincaré（1854—1912），见到了 Charles Hermite（1822—1901），探望了 Hermann Schwarz（1843—1921）等当时重要的数学家. 1895 年，在 Klein 的举荐下，Hilbert 成为哥廷根大学（University of Göttingen）的数学系主任，并在此任教直至退休. 在 Klein 和 Hilbert 的带领下，当时的哥廷根大学成为世界数学中心，吸引了大批数学家［如 Carl Runge（1856—1927），Edmund Landau（1877—1938），Richard Courant（1888—1972）］和青年学者［如 Hermann Weyl（1885—1955），Emmy Noether（1882—1936）］前来工作和访学，并培养出大批之后成名的博士［如 Felix Bernstein（1878—1956），Hugo Steinhaus（1887—1972）等］.[2-3]

在 1902 年进入泛函分析领域之前，Hilbert 已经是一位举世瞩目的数学家，他在不变式理论、代数数域理论、几何基础等方面，都做出了卓越的开创性贡献. 在 1900 年巴黎国际数学家大会上，Hilbert 发表了题为《数学问题》的著名讲演. 他根据过去特别是 19 世纪数学研究的成果和发展趋势，提出了 23 个最重要的数学问题. 这 23 个问题通称 Hilbert 问题. 后来成为许多数学家力图攻克的难关，对现代数学的研究和发展产生了深刻的影响，并起了积极的推动作用.[4]

1900 年，Fredholm 关于第二型积分方程一般解法的论文犹如一股春风，使得积分方程理论的研究活跃起来. 那年冬天，在他所领导的讨论班上，Hilbert 获悉了 Fredholm 的工作，立即对积分方程产生了极大的兴趣. 随后他的讨论班集中于该领域的进一步研究长达 10 年之久. 从 1904 年至 1906 年间，Hilbert 在此方面共发表了 5 篇文章（Hilbert 第 6 篇与此相关的文章发表于 1910 年）.[5-6]

Hilbert 在积分方程方面最初的工作是对 Fredholm 工作的进一步明确和提升. 在 Fredholm 关于第二型积分方程工作的介绍中，我们已经知道他的思想方法可以总结为"从有限（线性方程组）极限过渡到无限（积分方程）". 显然，Hilbert 意识到这种思想方法的一般性，在他的关于积分方程工作首篇文章《线性积分方程的一般理论》[7]中，就提到其研究的策略是"从一个代数问题……通过严格的极限过渡成功解决所考虑的超越问题". 从数学物理的实际背景出发，Hilbert 首先考虑的是具有对称核的第二型积分方程，即方程

$$f(x) - \lambda \int_a^b K(x,y)f(y)\,\mathrm{d}y = \varphi(x) \qquad (4.1)$$

中的积分核函数 $K(x,y)$ 满足条件"$K(x,y) = K(y,x)$". 利用 Riemann 和，由方程（4.1）生成有限线性方程组

$$f(x_i) - \lambda \frac{b-a}{n} \sum_{j=1}^n K(x_i,x_j)f(x_j) = \varphi(x_i), i = 1,2,\cdots,n. \quad (4.2)$$

这样，上述线性方程组中由核函数确定的矩阵

$$K = \begin{pmatrix} k_{11} & k_{12} & \cdots & k_{1n} \\ k_{21} & k_{22} & \cdots & k_{2n} \\ \vdots & \vdots & \vdots & \vdots \\ k_{n1} & k_{n2} & \cdots & k_{nn} \end{pmatrix}$$

就是一个对称矩阵. 利用矩阵形式, 方程组 (4.2) 可表示为

$$(I - \alpha K) \begin{pmatrix} f_1 \\ f_2 \\ \vdots \\ f_n \end{pmatrix} = \begin{pmatrix} \varphi_1 \\ \varphi_2 \\ \vdots \\ \varphi_n \end{pmatrix},$$

其中, $\alpha = \lambda \dfrac{b-a}{n}$, $f_i = f(x_i)$, $\varphi_i = \varphi(x_i)$, $i = 1, 2, \cdots, n$.

然后, Hilbert 在 $\mathbf{R}^n$ 中引入运算

$$(x, y) = \sum_{i=1}^{n} x_i y_i, x = (x_1, x_2, \cdots, x_n), y = (y_1, y_2, \cdots, y_n) \in \mathbf{R}^n.$$

现在我们已经知道, 上面 $\mathbf{R}^n$ 中的运算就是 $\mathbf{R}^n$ 中的内积, 以下用现代记号 $\langle x, y \rangle$ 代替 (x, y). 利用内积运算, 若 $f = (f_1, f_2, \cdots, f_n)$ 是方程组 (4.2) 的解, 当且仅当对任意 $x = (x_1, x_2, \cdots, x_n) \in \mathbf{R}^n$,

$$\langle x, f \rangle - \alpha \langle x, Kf \rangle = \langle x, \varphi \rangle.$$

而上面的形式正是 $\mathbf{R}^n$ 中的双线性形式.

通过以上的分析, 我们已经看到 Hilbert 将积分方程 (4.1) 与 $\mathbf{R}^n$ 中的双线性形式建立起了联系. 利用 K 的对称性以及内积运算, Hilbert 进一步将积分方程 (4.1) 与 $\mathbf{R}^n$ 中的二次型建立了联系. 我们知道, 由 K 决定的二次型的形式为 $\sum\limits_{i,j=1}^{n} k_{ij} x_i x_j$, 而

$$\sum_{i,j=1}^{n} k_{ij} x_i x_j = \langle Kx, x \rangle = \langle x, Kx \rangle.$$

令 $D(\alpha) = \begin{vmatrix} 1-\alpha k_{11} & -\alpha k_{12} & \cdots & -\alpha k_{1n} \\ -\alpha k_{21} & 1-\alpha k_{22} & \cdots & -\alpha k_{2n} \\ \vdots & \vdots & \vdots & \vdots \\ -\alpha k_{n1} & -\alpha k_{n2} & \cdots & 1-\alpha k_{nn} \end{vmatrix}$ ，则 $D(\alpha)$ 是方程

组 (4.2)的系数行列式. 若 $D(\alpha) \neq 0$，Hilbert 得到方程组 (4.2) 的唯一解 $f=(f_1, f_2, \cdots, f_n)$ 的形式，

$$\langle x, f \rangle = -\frac{D(\alpha, x, \varphi)}{D(\alpha)}, \quad x=(x_1, x_2, \cdots, x_n) \in \mathbf{R}^n, \quad (4.3)$$

其中，$D(\alpha; x, y) = \begin{vmatrix} 0 & x_1 & \cdots & x_n \\ y_1 & & & \\ \vdots & & I-\alpha K & \\ y_n & & & \end{vmatrix}$ ，$y=(y_1, y_2, \cdots, y_n) \in \mathbf{R}^n$.

若 $D(\alpha)=0$，不妨设 $D(\alpha)$ 有 n 个不同的实根 $\alpha_1, \alpha_2, \cdots, \alpha_n$，称 $\alpha_1, \alpha_2, \cdots, \alpha_n$ 为 K 的特征根（注意，Hilbert 所定义的特征根与现在矩阵特征根的定义稍有不同). 设 $\mathbf{R}^n$ 中的向量 $f^1, f^2, \cdots, f^n$ 是对应于 $\alpha_1, \alpha_2, \cdots, \alpha_n$ 的特征向量，即 f^i 是齐次方程组

$$(I-\alpha_i K)\begin{pmatrix} f_1 \\ f_2 \\ \vdots \\ f_n \end{pmatrix} = \begin{pmatrix} 0 \\ 0 \\ \vdots \\ 0 \end{pmatrix}, \quad i=1, 2, \cdots, n$$

的解. 由此，Hilbert 得到如下表示

$$\langle x, y \rangle = \sum_{i=1}^n \frac{\langle f^i, x \rangle \langle f^i, y \rangle}{\langle f^i, f^i \rangle}, x, y \in \mathbf{R}^n$$

以及

$$\langle Kx, x \rangle = \sum_{i=1}^n \frac{1}{\alpha_i} \frac{\langle f^i, x \rangle \langle f^i, x \rangle}{\langle f^i, f^i \rangle}, x \in \mathbf{R}^n. \quad (4.4)$$

应用我们现在已经学过的高等代数中二次型理论，对称方阵以及本章 Hilbert 空间的有关理论，不难分析出，以上过程正是对称方

阵（通过正交变换）对角化和二次型标准化的过程. 而 Hilbert 正是通过上述关于对称方阵的有限线性方程组解的全新解释，实现代数问题极限过渡到他所考虑的超越问题.

记 $\Delta(\lambda) = \lim_{n\to\infty} D(\alpha)$. 若 $\Delta(\lambda_0) \neq 0$，通过对式（4.3）的变换，并令 $n\to\infty$，Hilbert 得到与 Fredholm 一致的积分方程（4.1）在 $\lambda = \lambda_0$ 时的唯一解. 设 $\lambda^{(1)}$，$\lambda^{(2)}$，$\cdots$，$\lambda^{(n)}$，$\cdots$是 $\Delta(\lambda)$ 的零点，称之为对称核 $K(x, y)$ 的特征根. Hilbert 表明，这些特征根都是实数，并通过极其复杂的计算构造出它们相应的特征函数 e_1，e_2，$\cdots$，e_n，$\cdots$，即有

$$e_i(x) = \lambda^{(i)} \int_a^b K(x,y) e_i(y)\,\mathrm{d}y.$$

并表明可以做到这些特征函数是互相正交的，即

$$\int_a^b e_i(x) e_j(x)\,\mathrm{d}x = 0, i \neq j.$$

更重要的是，Hilbert 得到了式（4.4）的极限形式

$$\int_a^b \int_a^b K(x,y) f(x) g(y)\,\mathrm{d}x\mathrm{d}y$$

$$= \sum_{n=1}^{\infty} \frac{1}{\lambda^{(n)}} \int_a^b f(x) e_n(x)\,\mathrm{d}x \int_a^b g(x) e_n(x)\,\mathrm{d}x,$$

其中，f，g 满足条件 $\int_a^b f^2(x)\,\mathrm{d}x < \infty$，$\int_a^b g^2(x)\,\mathrm{d}x < \infty$.

作为上述结论的应用，Hilbert 还得到他引以为豪的如下定理（现称为 Hilbert-Schmidt 定理）：若 $g(x) = \int_a^b K(x,y) f(y)\,\mathrm{d}y, f \in C[a,b]$，则

$$g = \sum_{n=1}^{\infty} c_n e_n, \qquad\qquad (4.5)$$

其中，$c_n = \int_a^b g(x) e_n(x)\,\mathrm{d}x$.[6-8]

Hilbert-Schmidt 定理的重要性在于，让 Hilbert 意识到可以通过形如式（4.4）的函数的级数展开，将积分方程转化为无限线性方程组

的形式. 我们也将在后面明确说明这一点.

　　从有限求和极限过渡不仅能得到积分的形式，也能得到级数的形式. 因此，接下来 Hilbert 考虑一个无限二次型正交变换为标准型的问题，而这正是 Hilbert 在其关于线性积分方程一般理论工作中第 4 篇文章[9]中的主要研究内容——无穷多个变量的二次型理论和无穷多个变量的线性方程组的解理论. 在无穷多个变量的二次型理论中，Hilbert 在全连续的条件下得到无限二次型

$$K(x,x) = \sum_{i,j=1}^{\infty} k_{ij} x_i x_j,$$

$\left[其中，k_{ij} = k_{ji}, \ i, \ j = 1, \ 2, \ \cdots, \ x = (x_1, \ x_2, \ \cdots) \ 且 \ \sum_{n=1}^{\infty} x_n^2 < \infty \right]$

形如式（4.5）的约简形式：

$$K(x,x) = \sum_{j=1}^{\infty} \lambda_j x_j^2,$$

其中，λ_1，λ_2，…是 $K(x, x)$ 所对应的特征根. 并将这一理论应用在无限线性方程组理论中，得到如下结论：设 $\{a_{ij}\}_{i,j=1}^{\infty}$ 满足完全连续的条件，即 $\{a_{ij}\}_{i,j=1}^{\infty}$ 所对应的无限双线性 $A(x,y) = \sum_{i,j=1}^{\infty} a_{ij} x_i y_j$ 是全连续的，则无限线性方程组

$$x_i + \sum_{j=1}^{\infty} a_{ij} x_j = b_i, i = 1,2,\cdots, \tag{4.6}$$

或者对所有 $\{b_i\}$，$\sum_{i=1}^{\infty} b_i^2 < \infty$，存在唯一解，或者对应的无限齐次方程组

$$x_i + \sum_{j=1}^{\infty} a_{ij} x_j = 0, i = 1,2,\cdots \tag{4.7}$$

存在非零解 $\{a_i\}$，$\sum_{i=1}^{\infty} a_i^2 = 1$，且无限齐次方程组的线性无关非零解至多有有限个. 如果方程组（4.7）的线性无关解有 n 个，则其所对应的转置方程组

$$x_i + \sum_{j=1}^{\infty} a_{ji} x_j = 0, i = 1, 2, \cdots \qquad (4.8)$$

的线性无关解也是 n 个.

若设方程组 (4.8) 的线性无关解为 $x^{(1)}$, $x^{(2)}$, $\cdots$, $x^{(n)}$, $x^{(m)} = (x_i^m)_{i=1}^{\infty}$, 则方程组 (4.6) 存在解当且仅当

$$\sum_{i=1}^{\infty} x_i^m b_i = 0, m = 1, 2, \cdots, n.$$

这一结论又是与 Fredholm 关于第二型积分方程的解理论以及有限线性方程组的解结构惊人的一致. 我们也可以应用本章所学习的, Hilbert 空间上有界线性算子与其共轭算子值域和核的关系, 对以上结论进行现代还原.[5,9]

Hilbert 在积分方程工作中的第 4 篇文章包含着丰富的原创理论和思想, Dieudonné 称该文"从思想的深度和新度而言, 是泛函分析史上的转折点, 真正称得上是泛函分析学科的第一篇文章". 以上我们只是以"求解积分方程"为主简略叙述了其第 4 篇文章, 实际上该文所包含的算子谱理论的思想影响更为深远[10].

有了关于无限线性方程组的解理论, Hilbert 在其积分方程工作的第 5 篇文章《线性积分方程一般理论的新的证明》[11]将这一理论应用到积分方程的求解上, 同时也回应了其在第 1 篇文章中曾说过的"积分方程也能被视为级数的展开式理论必要的基础和自然的出发点". 在该文中, Hilbert 首先表明 $C[a, b]$ 中存在一组满足正交性和完备性的函数列 $\{e_n\}_{n=1}^{\infty}$, 即

$$\int_a^b e_n(x) e_m(x) \, dx = \begin{cases} 1, n \neq m \\ 0, n = m \end{cases}, (规范正交性)$$

$$\int_a^b f(x) g(x) \, dx = \sum_{n=1}^{\infty} \int_a^b f(x) e_n(x) \, dx \int_a^b g(x) e_n(x) \, dx, (完备性)$$

然后, 在积分方程 (4.1) 两边同时与 $e_n(x)$ 相乘并积分得

$$\int_a^b f(x) e_n(x) \, dx - \lambda \int_a^b \int_a^b K(x, y) f(y) \, dy e_n(x) \, dx$$

$$= \int_a^b \varphi(x) e_n(x) \, dx, n = 1, 2, \cdots.$$

令 $x_n = \int_a^b f(x) e_n(x) \mathrm{d}x , a_{nm} = \int_a^b \int_a^b K(x,y) e_n(x) e_m(y) \mathrm{d}x \mathrm{d}y ,$

$b_n = \int_a^b \varphi(x) e_n(x) \mathrm{d}x , n = 1,2,\cdots,$ 积分方程（4.1）就等价转化为无限线性方程组

$$x_n - \lambda \sum_{m=1}^\infty a_{nm} x_m = b_n , n = 1,2,\cdots,$$

从而由无限线性方程组的解理论给出积分方程的解结论. [5,9]

从以上对 Hilbert 积分方程工作的简单回顾，不难看出，我们现在熟知的 l^2, $L^2[a,b]$ 等空间以及内积、正交、完备等概念都已经在这些工作中若隐若现，呼之即出. 正是在 Hilbert 工作的基础上，Riesz 等人引申出赋范线性空间及其上算子的思想，促成了 Banach 空间和算子理论的诞生. 另一方面，Otto Toeplitz（1881—1940）、Erhard Schmidt（1876—1950）等人抽象发展了 Hilbert 在这些文章中的二次型理论，促进了 Hilbert 空间公理化体系的建立. 今天我们所学的 Hilbert 空间的定义由 John von Neumann（1903—1957）于 1929 年首次给出. 而 Hilbert 空间的谱理论也被 von Neumann 等人进一步发展、抽象、完善，成为现代量子力学的数学基础. [12-13]

Hilbert 一生获誉无数. 除了各种学术机构和官方所授予的荣誉外，Hilbert 更被称为"数学界的无冕之王""二十世纪的最后一位数学家". 在学术成就上，比肩 Hilbert 的数学家有很多. 但正如他的学生 Weyl 在纪念 Hilbert 的一篇文中写道：（无论）是在环绕哥廷根的树林中长远的散步，还是雨天在他的有遮棚的花园里漫步，他的乐观，他的激情，他对科学最高价值的不可动摇的信念，以及他对通过推理去发现简单明确答案能力的坚定信任不可避免地传染给（围绕在他周围的学生，年轻的科学家和追随者）. 在我们这个时代，他的声望已无他人所能企及. [4]

1943 年 2 月 14 日，这位伟大的数学家与世长辞. 他的墓碑上刻着他的名言"我们必须知道，我们必将知道".

参考文献

［1］ J J O'Connor, E F Robertson. David Hilbert［EB/OL］. (2014 - 11 - 01)［2018 - 02 - 02］. http://www-history.mcs.st-andrews.ac.uk/Biographies/Hilbert. html.

［2］ L Corry. David Hilbert and the axiomatization of physics (1894—1905)［J］. Archive for History of Exact Sciences,1997,5 (2)：83 - 198.

［3］ B L Van der Waerden. The school of hilbert and emmy noether［J］. Bulletin of the London Mathematical Society,1983,15(1)：1 - 7.

［4］ H Weyl. David Hilbert and his mathematical work［J］. Bulletin of American Mathematical Society, 1944,50：612 - 654.

［5］ 冯丽霞. 对偶空间理论的形成与发展［D］. 西安：西北大学,2016.

［6］ 李亚亚. 希尔伯特的积分方程理论［D］. 西安：西北大学,2015.

［7］ D Hilbert. Grundzüge einer allgeminen Theorie der linearen Integralglechungen (Erste Mitteilung)［M］//Mathematisch-Physikalische Klasse. Nachrichten von der Gesellschaft der Wissenschaften zu Göttingen. Göttingen：Commissiionsverlag der Dieterich, 1904：49 - 91.

［8］ D Hilbert. Grundzüge einer allgemeinen Theorie der linearen Integralgleichungen(Vierte Mitteilung)［M］//Mathematisch-Physikalische Klasse. Nachrichten von der Gesellschaft der Wissenschaften zu Göttingen. Göttingen：Commissiionsverlag der Dieterich,1906：157 - 228.

［9］ 莫里斯·克莱因. 古今数学思想：第 4 册［M］. 邓东皋,张恭庆,等,译. 上海：上海科学技术出版社, 2002：143 - 159.

［10］ J Dieudonné. A history of functional analysis［M］. Amsterdam, New York, Oxford：North-Holland Publishing Company,1981.

［11］ D Hilbert. Grundzüge einer allgemeinen Theorie der linearen Integralgleichungen(Fünfte Mitteilung)［M］//Mathematisch-Physikalische Klasse. Nachrichten von der Gesellschaft der Wissenschaften zu Göttingen. Göttingen：Commissiionsverlag der Dieterich, 1906：439 - 480.

［12］ M Bernkopf. The development of function spaces with particular reference to their origins in integral equation theory［J］. Archive for History of Exact Sciences, 1966, 3(1)：1 - 96.

［13］ A Pietsch. History of Banach space and linear operator［M］. Boston：Birkhauser,2007：9 - 14.

专业名词术语中英文对照表

（按中文首字母排序）

B

闭包 closure

闭的 closed

闭集 closed set

闭球 closed ball

闭图像定理 Closed Graph Theorem

表示定理 Representation Theorem

不等式 inequality

不动点 fixed point

C

稠密的 dense

稠密子集 dense subset

次可加性 subadditivity

D

等距映射 isometry

第一纲 first category

第二纲 second category

定义域 domain

度量空间 metric space

F

发散的 divergent

发散序列 divergent sequence

发散级数 divergent series

泛函 functional

泛函分析 functional analysis

范数 norm

赋范线性空间 normed linear space

复线性空间 complex linear space

G

共轭空间 conjugate space

共轭线性 conjugate linear

纲 category

规范正交子集 orthonormal subset

规范正交基 orthonormal basis

H

函数 function

核 kernel

J

集合 set

基 basis

极化恒等式 polarization identity

级数 series

极限 limit

聚点 limit point

距离 distance

K

开的 open

开集 open set

开球 open ball

开映射 open mapping

开映射定理 Open Mapping Theorem

可测函数 measurable function

可分的 separable

可分空间 separable space

可积函数 integrable function

可数的 countable

空间 space

L

连续函数 continuous function

连续映射 continuous mapping

连续线性泛函 continuous linear functional

邻域 neighborhood

零空间 null space

N

内部 interior

内点 interior point

内积 inner product

内积空间 inner space

逆映射定理 Inverse Mapping Theorem

P

平行四边形法则 Parallelogram Law

S

三角不等式性 triangle inequality

收敛的 convergent

收敛序列 convergent sequence

算子 operator

算子的共轭 adjoint of an operator

T

同构 isomorphism

投影 projection

W

完备的 complete

完备度量空间 complete metric space

维数 dimension

无限维的 infinite dimensional

无处稠密的 nowhere dense

X

线性泛函 linear functional

线性空间 linear space

线性算子 linear operator

线性同构 linear isomorphism

线性无关 linear independence

线性相关 linear dependence

线性映射 linear mapping

线性子空间 linear subspace

线性组合 linear combination

像 image

向量 vector

序列 sequence

选择公理 axiom of choice

Y

一一的 one-to-one

一致有界性原理 Uniform Boundedness Principle

映上的 onto

映射 mapping

有界的 bounded

有界线性算子 bounded linear operator

有界集 bounded set

有限维空间 finite dimensional space

酉算子 unitary operator

原像 inverse image

Z

子空间 subspace

自伴算子 self-adjoint operator

张成 span

真子集 proper subset

正常算子 normal operator

正交 orthogonality

正交补 orthogonal complement

正交的 orthogonal

正交化过程 orthogonalization process

正交集 orthogonal set

正交投影 orthogonal projection

直和 direct sum

直径 diameter

值域 range

参考文献

[1] 曹广福,严从荃.实变函数论与泛函分析:下册,第 3 版[M].北京:高等教育出版社,2011.

[2] 程其襄,张奠宙,魏国强,等.实变函数与泛函分析基础:第 3 版[M].北京:高等教育出版社,2010.

[3] 郭懋正.实变函数与泛函分析[M].北京:北京大学出版社,2015.

[4] 侯友良,王茂发.泛函分析:第 2 版[M].武汉:武汉大学出版社,2016.

[5] 刘培德.泛函分析基础:修订版[M].北京:科学出版社,2017.

[6] 刘树琪,徐红梅.泛函分析入门与题解[M].天津:天津科学技术出版社,1988.

[7] 王声望,郑维行.实变函数与泛函分析概要:第 2 册,第 4 版[M].北京:高等教育出版社,2010.

[8] 夏道行,吴卓人,严绍宗,等.实变函数论与泛函分析:下册,第 2 版修订本[M].北京:高等教育出版社,2010.

[9] 张恭庆,林源渠.泛函分析讲义:上[M].北京:北京大学出版社,2014.